小学館学習まんがシリーズ

名探偵コナン　実験・観察ファイル

サイエンスコナン

SCIENCE CONAN

レンズの不思議《ふしぎ》

／青山剛昌
監修／ガリレオ工房
まんが／金井正幸　構成／岩岡としえ

みなさんへ——この本《ほん》のねらい

コナンとともに科学《かがく》を楽《たの》しもう！

みなさん、こんにちは。この本《ほん》では、名探偵《めいたんてい》コナンと一《いっ》緒《しょ》に「レンズと光《ひかり》の科学《かがく》」を楽《たの》しんでいきましょう。

コナンは名探偵《めいたんてい》ですから推理《すいり》が得意《とくい》です。この本《ほん》でも、次々《つぎつぎ》に起《お》きる事件《じけん》を、科学《かがく》をベースにした推理《すいり》で解決《かいけつ》していきます。状況《じょうきょう》を注意《ちゅうい》深《ぶか》く観察《かんさつ》し、それをヒントに犯人《はんにん》を推理《すいり》する仮説《かせつ》を立《た》て、その仮説《かせつ》を確《たし》かめるための証拠《しょうこ》を集《あつ》め、犯人《はんにん》を特定《とくてい》していくのです。これは、科学者《かがくしゃ》が行《おこな》っている科学的《かがくてき》な推理《すいり》とまったく同《おな》じです。みなさんもコナンのように実験《じっけん》の結果《けっか》を推理《すいり》しながら、ストーリー全体《ぜんたい》を楽《たの》しんでください。

科学《かがく》の楽《たの》しさの一《ひと》つは、実験《じっけん》にあります。そして、この『サイエンスコナン』シリーズには、毎回《まいかい》たくさんの実験《じっけん》が紹介《しょうかい》されています。その全部《ぜんぶ》を知《し》っている人《ひと》は、専門家《せんもんか》にもあまりいないはずです。なぜなら、あまり知《し》られていない新《あたら》しい実験《じっけん》もたくさんあるからです。しかも、ほかの多《おお》くの本《ほん》で紹介《しょうかい》されてきた実験《じっけん》は、学校《がっこう》などの設備《せつび》が整《ととの》った場所《ばしょ》でしかできない場合《ばあい》が多《おお》いのですが、コナンが紹介《しょうかい》する実験《じっけん》は、家庭《かてい》でもできるものがほとんどです。家族《かぞく》やお友《とも》だちと実験《じっけん》に挑戦《ちょうせん》しましょう！

　お父《とう》さんやお母《かあ》さんが子《こ》どもだったころには、地球《ちきゅう》の裏側《うらがわ》にいる人《ひと》と携帯電話《けいたいでんわ》で話《はな》せる時代《じだい》が来《く》るとは、予想《よそう》もしなかったと思《おも》います。科学《かがく》は、私《わたし》たちの生活《せいかつ》や考《かんが》え方《かた》をどんどん変《か》えているのです。みなさんも、新《あたら》しい時代《じだい》に必要《ひつよう》となる科学的《かがくてき》な知識《ちしき》と考《かんが》え方《かた》を、コナンと一緒《いっしょ》に見《み》つけましょう！

サイエンスコナン もくじ レンズの不思議《ふしぎ》

FILE. 6
キヤノンのレンズ工場《こうじょう》を見学《けんがく》せよ！ 110
発見《はっけん》！　レンズの作《つく》り方《かた》
カメラやプリンターなどの光学機器《こうがくきき》を作《つく》っている
キヤノン株式会社《かぶしきがいしゃ》のレンズ工場《こうじょう》へやってきたコナンたち。
キミも、阿笠博士《あがさはかせ》の案内《あんない》で、レンズの作《つく》り方《かた》を学《まな》んじゃおう!!

FILE. 7
2つのレンズで見《み》えるものは……!? 124
2つのレンズを組《く》み合《あ》わせてみよう!!
レンズ工場《こうじょう》へ見学《けんがく》に行《い》ったことで、暗号解読《あんごうかいどく》のヒントをつかんだコナン。
どうやら、暗号《あんごう》は、2個《こ》のレンズを一緒《いっしょ》に使《つか》って解読《かいどく》するようだ。
そこへ、灰原《はいばら》が〝ある実験《じっけん》〟の提案《ていあん》を……!?
コナンと実験《じっけん》！ 望遠鏡《ぼうえんきょう》で月《つき》を見《み》よう！ 136
キミも実験《じっけん》！ とってもカンタン！ 固定式望遠鏡《こていしきぼうえんきょう》!! 138

FILE. 8
2つのレンズで暗号《あんごう》を解《と》け！ 140
3D《スリーディー》メガネを作《つく》って立体視《りったいし》をしてみよう!!
コナンと灰原《はいばら》がついに怪盗赤《かいとうあか》メガネの暗号《あんごう》を解読《かいどく》!?
キミも2個《こ》の虫《むし》メガネを使《つか》って、コナンたちと同《おな》じように、
暗号文《あんごうぶん》にかくされている言葉《ことば》を見《み》てみよう!!
コナンと実験《じっけん》！ 3D《スリーディー》メガネを作《つく》ろう！ 154
キミも実験《じっけん》！ カメラ付《つ》き携帯電話《けいたいでんわ》で3D写真《スリーディーしゃしん》をとろう！ 156

FILE. 9

赤《あか》メガネの館《やかた》の謎《なぞ》を解《と》け! 158

身近《みぢか》な物《もの》でレンズを作《つく》ろう!!

ついに暗号《あんごう》を解《と》き、怪盗赤《かいとうあか》メガネの館《やかた》までやってきたコナンたち。しかし、そこにはひきょうなワナが仕《し》かけられていた。はたして、エメラルドのレンズを無事取《ぶじと》りもどすことはできるのか……!?

キミも実験《じっけん》!

プラスチックスプーンもレンズになる!? 174

FILE. 10

事件解決《じけんかいけつ》! そして最後《さいご》のテスト!? 176

世界《せかい》で一番《いちばん》すばらしいレンズとは?

怪盗赤《かいとうあか》メガネの正体《しょうたい》を見破《みやぶ》り、エメラルドのレンズと蘭《らん》を無事《ぶじ》に取《と》りもどしたコナンたち。事件《じけん》はこれで一件落着《いっけんらくちゃく》……のはずが、なぜか不満《ふまん》そうな少年探偵団《しょうねんたんていだん》たちにつめ寄《よ》られるコナンだが!?

コナンに挑戦《ちょうせん》!

虫《むし》メガネを3個《こ》かさねると? 67

67ページの答《こた》え 189

名探偵《めいたんてい》コナンvsガリレオ工房《こうぼう》

ゴムのサスペンダーで重《おも》たい扉《とびら》を開《ひら》くことはできる!? 108

めざせ! レンズ博士《はかせ》

レンズの歴史《れきし》 26

レンズが、ロウソクの火《ひ》を逆《さか》さまに映《うつ》す仕組《しく》み 66

宇宙《うちゅう》で一番大《いちばんおお》きなレンズ 122

ウチの技術《ぎじゅつ》は世界一《せかいいち》! 186

F1-1

FILE《ファイル》 1

怪盗《かいとう》赤《あか》メガネからの挑戦状《ちょうせんじょう》！

レンズっていったいどんなもの？

小五郎《こごろう》のおっちゃんに届《とど》いた、米花美術館《べいかびじゅつかん》からの一通《いっつう》の招待状《しょうたいじょう》。
それはレンズにまつわる難解《なんかい》な事件《じけん》の幕開《まくあ》けだった！

→良《よ》い子のみんなは、コナンのマネをしないでね！

F1-2

なになに……。
今度《こんど》、開《かい》さいされる「古代《こだい》ローマの秘宝展《ひほうてん》」にぜひおこしください……。
ほ――。
目玉《めだま》はエメラルドのレンズってやつなのか――!
あたしも連《つ》れてって!
ぼくもー!!
ダメだダメ!
え〜〜〜。
どーしてー?
蘭《らん》はともかく、レンズでいたずらする奴《やつ》にエメラルドのレンズなんか見《み》せたら、何《なに》をしでかすかわからんからな……。
いたずらなんてするわけないじゃないね――。
さっきのことねにもってやがる……。

F1-3

そして、招待《しょうたい》日《び》当日《とうじつ》——。
古代ローマの秘宝展
お——、すごい人《ひと》だなー。
ジャーン
な……なんだ、おまえら!?

わしが連《つ》れてきたんじゃよ。
ほっ ほっ ほっ
招待状
わしの所《ところ》にも招待状《しょうたいじょう》が来《き》ていたからのう。
阿笠博士《あがさはかせ》
新一《しんいち》の家《いえ》の隣《となり》に住《す》む発明家《はつめいか》。コナンが新一《しんいち》だと知《し》っていて、さまざまな探偵《たんてい》道具《どうぐ》を開発《かいはつ》してくれる！
エメラルドのレンズなんて、なかなか見《み》られませんからね。
円谷光彦《つぶらやみつひこ》
帝丹《ていたん》小学校《がっこう》のクールな1年生《ねんせい》。いろいろなことをよく知《し》っているが、コナンの頭脳《ずのう》にはかなわない。
きっとすご～くキレイなんだろうな～。
わく わく
吉田歩美《よしだあゆみ》
帝丹《ていたん》小学校《がっこう》に通《かよ》う、コナンの同級生《どうきゅうせい》。いつも明《あか》るく元気《げんき》な女の子《こ》で、実《じつ》はコナンのことが好《す》き。
一見《いっけん》の価値《かち》はあるわね。
灰原《はいばら》　哀《あい》
黒《くろ》の組織《そしき》の仲間《なかま》だったが、裏切《うらぎ》って、コナンと同《おな》じナゾの薬で小学生《がくせい》に……。今《いま》は阿笠博士《あがさはかせ》の家《いえ》に住《す》んでいる。
それにしても……
レンズって何《なん》なんだ？
ガクッ
小嶋元太《こじまげんた》
帝丹《ていたん》小学校《がっこう》の１年生《ねんせい》。コナンと同《おな》じクラスで、歩美《あゆみ》、光彦《みつひこ》と少年探偵団《ねんたんていだん》を作《つく》る。食《く》いしん坊《ぼう》な男の子《こ》だ。

F1-5

レンズっていったい何《なに》？

ガラスなどの透明《とうめい》な物質《ぶっしつ》でできていて、向《む》かい合《あ》った2つの表面《ひょうめん》が、2つとも曲《きょく》面《めん》、または片一方《かたいっぽう》が曲面《きょくめん》になっているものをレンズと言《い》うんだ。レンズは光《ひかり》を通《とお》すことができて、光《ひかり》の進《すす》み方《かた》を変《か》えたりすることができるよ。「レンズ」という名《な》前《まえ》の語源《ごげん》は、ヨーロッパでよく食《た》べられてるレンズ豆《まめ》に形《かたち》が似《に》ているからだと言《い》われているんだ。一番代表的《いちばんだいひょうてき》な例《れい》は、やっぱり虫《むし》メガネだよね。

ファン
ファン
ファン
わっ、なんだ!?
何《なに》かあったのかしら?
キィ
バタン
おっ、コナンくん!
警部《けいぶ》さん、何《なに》かあったの?
コナンくんがいるということは……。
目暮警部《めぐれけいぶ》
警視庁捜査一課《けいしちょうそうさいっか》のベテラン警部《けいぶ》。警察時代《けいさつじだい》の毛利小五郎《もうりこごろう》の上司《じょうし》でもあった。
警部《けいぶ》どの、ごくろうさまです!!
ビシッ
……やはりキミもいたか……。

F1-7

だが、今日《きょう》はいてくれてよかった！
毛利《もうり》くん、キミにも関係《かんけい》のある事件《じけん》なんだ……。
私《わたし》に？それはいったい……。
じつは……。
F1-8
米花警察《べいかけいさつ》に犯行予告《はんこうよこく》の電話《でんわ》があってな……。
エメラルドのレンズは、この怪盗赤《かいとうあか》メガネがいただく！
これは毛利小五郎《もうりこごろう》への挑戦《ちょうせん》だ！

怪盗《かいとう》赤《あか》メガネ!?
なんですって!!!
その赤《あか》メガネが言《い》うには、キミの頭脳《ずのう》に挑戦《ちょうせん》したいらしいのだ……。
赤《あか》メガネはキミにうらみのある人物《じんぶつ》じゃないかと……。
……おもしろいじゃないですか。
その挑戦《ちょうせん》……、この名探偵《めいたんてい》・毛利小五郎《もうりこごろう》がうけてたちましょう!!
この自信《じしん》……、どこからくるんだ……?
ドーン
F1-9

警察《けいさつ》の方《かた》ですね……。
どうやら遅《おそ》かったみたいです。
米花美術館学芸員《べいかびじゅつかんがくげいいん》
後村将四郎《あとむらしょうしろう》
エメラルドのレンズはもう盗《ぬす》まれてしまいました!
米花美術館学芸員《べいかびじゅつかんがくげいいん》
楠斗由佳《くすとゆか》
なに!?
犯人《はんにん》はまだ近《ちか》くにひそんでいるかもしれん。
秘宝展《ひほうてん》を中止《ちゅうし》して、厳戒態勢《げんかいたいせい》をしけ!!
はっ!!
現場《げんば》に案内《あんない》してください!
はい!!

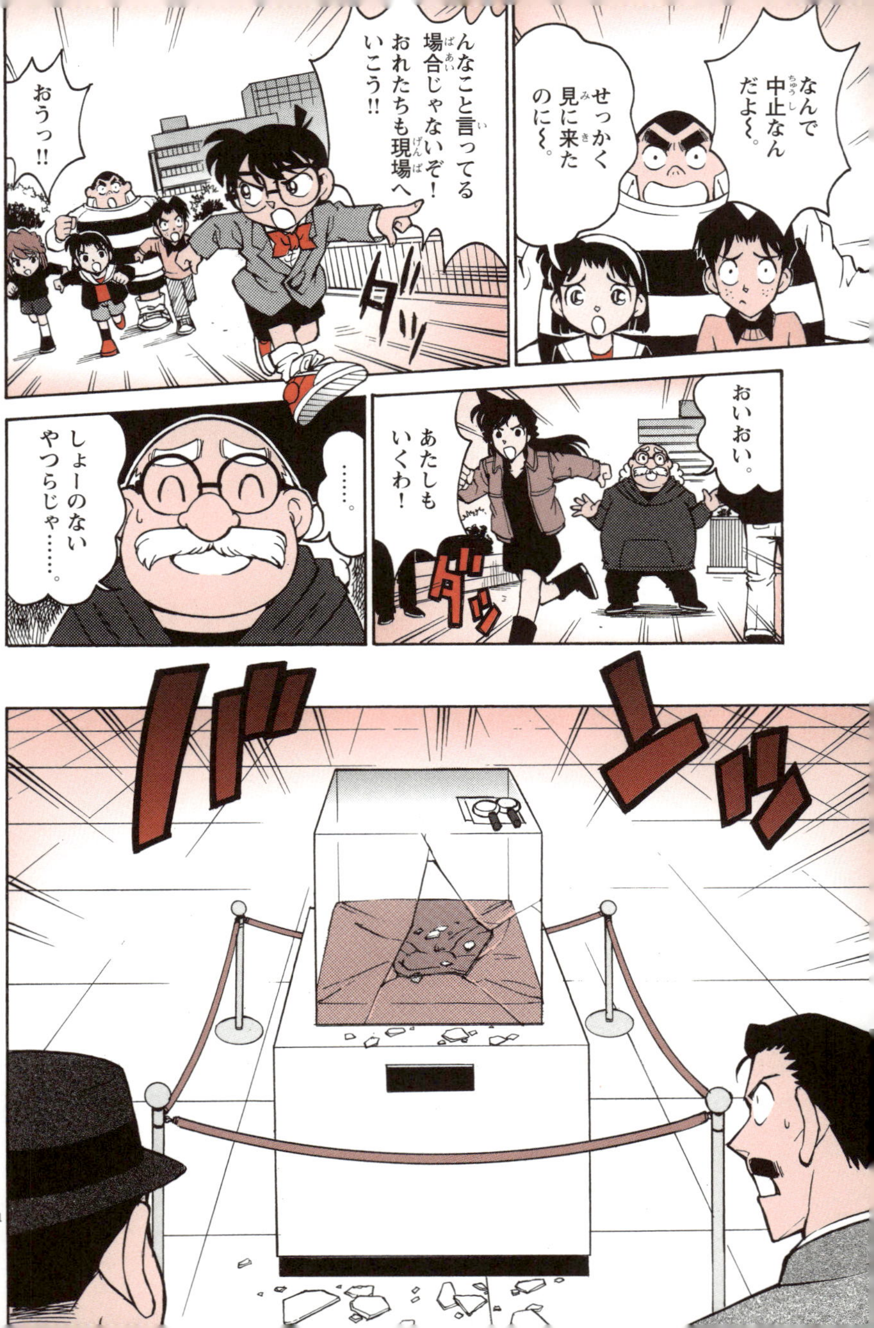
なんで中止《ちゅうし》なんだよ〜。
せっかく見《み》に来《き》たのに〜。
んなこと言《い》ってる場合《ばあい》じゃないぞ！おれたちも現場《げんば》へいこう!!
おうっ!!
ダッ
おいおい。
あたしもいくわ！
ダッ
……。
しょーのないやつらじゃ……。
バドッ

F1-11

状況《じょうきょう》をご説明《せつめい》ねがえますか？
はい。
私《わたし》が受付《うけつけ》の準備《じゅんび》をしていたとき……。
会場《かいじょう》の方《ほう》で変《へん》な音《おと》がしたので、かけつけてみると……、後村《あとむら》さんがたおれていて……。
……この部屋《へや》の最終《さいしゅう》チェックをしていたら……、何者《なにもの》かに後《うし》ろからなぐられて……。
……で……、エメラルドのレンズが盗《ぬす》まれておったということか……。
……。
F1-12
ガッ
警部《けいぶ》どの！
犯人《はんにん》がわかりました！
犯人《はんにん》は後村《あとむら》さん、あなただ!!
ビシッ

犯人《はんにん》にやられたふりをして、じつは自分《じぶん》が犯人《はんにん》なんです。
毛利《もうり》くん、証拠《しょうこ》はあるんだろうね?
……。
……。
…………ありませんけど……。
話《はなし》にならん……。
やれやれ。
F1-13
びくっ
オー――ッ!!
アナタガモーリサンデスネ!
イ……、イエス。
あちらの方《かた》は?
はい。
エメラルドのレンズの持ち主《もちぬし》……、アールさんです。
スタスタ
メイタンテイトモアロウヒトガイナガラ、ナントイウコトデスカ!!
イタリアの大富豪《だいふごう》
アール・ジュリアーノ

トニカクハヤクハンニンヲツカマエテクレナイト！
……イエス…
！
ねえねえ、ケースの上《うえ》になにかあるよ。
あっ、ほんとだ。
F1-14
名探偵 毛利小五郎殿
エメラルドのレンズは いただいた！
米花市のどこかに かくしておく。
7日以内に見つけたまえ。
7日たっても見つけられない場合
エメラルドのレンズは どうなっても
知らないよ…
怪盗赤メガネ
べいおかし べいおかし
あなほーる あなほーる
けかいさつ けかいさつ
こうりこう こうりこう
3つらの 3つらの
まんじなか まんじなか
にじこい にじこい
!!!

これが毛利《もうり》くんへの挑戦状《ちょうせんじょう》ってわけか……。
う〜〜む。
おっちゃん！もう一枚《いちまい》の紙《かみ》って暗号《あんごう》なんじゃないの？
なに!?
そうか！この暗号《あんごう》に隠《かく》し場所《ばしょ》のヒントが……。
べいおかし　べいおかし
あなほーる　あなほーる
けかいさつ　けかいさつ
こうりこう　こうりこう
3つらの　3つらの
まんじなか　まんじなか
にじこい　にじこい
毛利《もうり》くん、わかるのかね？
……いえ、さっぱり！虫《むし》メガネの意味《いみ》も……。
……。
虫《むし》メガネと暗号文《あんごうぶん》か……。
暗号《あんごう》を解《と》くカギは、2つの虫《むし》メガネにあるはずなんだけど………。

F1-15

ちくしょー!! 赤《あか》メガネめ〜。
エメラルドのレンズ、見《み》たかったのに〜〜〜。
よーしこうなったら、
私《わたし》たちで赤《あか》メガネをつかまえるしかないわね。
……おいおい。
ヌッ
うっ。
……うぅ……。
……コ……
……コ
コナンくん。

ん？
きょろ
きょろ
蘭《らん》はどこだ？
あれ？さっきまでここにいたのに。
つたく高校生《こうこうせい》にもなって迷子《まいご》か？
ヒラッ
なんだ？
なんだって!!
毛利小五郎へ
キミが本気にならないといけないので
キミの娘も あずかった!
エメラルドのレンズを
返してほしければ
見つけたまえ!!
怪盗赤メガネ
蘭《らん》ねーちゃんがさらわれた!?

F1-17

ら……蘭《らん》〜〜〜〜。
ヘナヘナ
しっかりしろ、毛利《もうり》くん!!
ちくしょう。
蘭《らん》までさらうなんて……ゆるせねぇー、赤《あか》メガネ!!
まずは暗号《あんごう》を解読《かいどく》しなきゃ……。
べいお かし　べい おかし
あ な ほーる　あ なほーる
けか いさつ　け かいさつ
こうり こう　こう りこう
3 つら の　3 つ らの
まんじ なか　まん じなか
にじ こい　に じこい
F1-18
これはとてつもない大事件《だいじけん》になりそうな予感《よかん》がするぜ……!!!

レンズの歴史《れきし》

日本《にほん》でレンズが使《つか》われるようになったのは室町時代《むろまちじだい》、フランシスコ・ザビエルによってメガネが渡来《とらい》してからのこと。だがそれ以前《いぜん》から、ヨーロッパではレンズがさまざまな目的《もくてき》に使《つか》われてきた。大昔《おおむかし》から現在《げんざい》までのレンズの歴史《れきし》をふり返《かえ》ってみよう！

紀元前《きげんぜん》

紀元前《きげんぜん》の昔《むかし》から、エジプト、ギリシア、ローマなどでは、水晶《すいしょう》などの鉱物《こうぶつ》がレンズとして用《もち》いられていた。今《いま》も残《のこ》っている最古《さいこ》のレンズは、紀元前《きげんぜん》700年《ねん》ごろのニネヴェ（現在《げんざい》のイラク北方《ほっぽう》）の遺《い》せきから発見《はっけん》された、直径約《ちょっけいやく》3.8cmの水晶《すいしょう》の平凸《ひらとつ》レンズ。太陽《たいよう》の熱《ねつ》を集《あつ》めるために使《つか》われていたようだ。

また、中国《ちゅうごく》でも昔《むかし》から、不老長寿《ふろうちょうじゅ》の縁起《えんぎ》ものや魔《ま》よけとして、天然石《てんねんせき》のレンズが使《つか》われていたという。

1世紀《せいき》ごろ

1世紀《せいき》ごろの記録《きろく》によると、悪名《あくめい》高《たか》い古代《こだい》ローマ帝国《ていこく》の皇帝《こうてい》ネロは、エメラルドのレンズを用《もち》いていたそうだ。闘技場《とうぎじょう》で剣闘士《けんとうし》たちのたたかいを観戦《かんせん》するときに、まぶしい太陽《たいよう》光線《こうせん》から目《め》を守《まも》るためのものだったという。

つまり、エメラルドのレンズは、サングラスのような役割《やくわり》をはたしていたのだ。

13世紀《せいき》

このころになると、レンズを使《つか》えば物《もの》が大《おお》きく見《み》える、というレンズの働《はたら》きが広《ひろ》く知《し》られるようになってきた。

拡大鏡《かくだいきょう》として最初《さいしょ》に用《もち》いられたレンズは「リーディングストーン（読書《どくしょ》のための石《いし》）」というもので、ドイツの修道《しゅうどう》士《し》によって13世紀《せいき》の中《なか》ごろに発見《はっけん》されたものだったそうだ。それは石英《せきえい》、または水晶《すいしょう》などでできた平凸《ひらとつ》の半球《はんきゅう》レンズで、本《ほん》の上《うえ》に直接《ちょくせつ》のせて用《もち》いられたという。

ドイツには、リーディングストーンを作《つく》るのに使《つか》われたベリル（緑柱石《りょくちゅうせき》）という石《いし》がある。これが、ドイツ語《ご》でメガネを意味《いみ》する「Brille（ベリル）」という言葉《ことば》のもとになっているそうだよ。

1430年代《ねんだい》

イタリアのベネチアでは、13世紀後半《せいきこうはん》からレンズ用《よう》のガラスが製造《せいぞう》されるようになり、やがてガラス製《せい》の凸《とつ》レンズを用《もち》いた老眼鏡《ろうがんきょう》が作《つく》られるようになった。その後《ご》、1430年代《ねんだい》になって、今度《こんど》は凹《おう》レンズが近眼鏡《きんがんきょう》として用《もち》いられるようになったという。

なお、ベネチア製《せい》のガラスは、今《いま》でも高級《こうきゅう》なコップや指輪《ゆびわ》、アクセサリー用《よう》のビーズなどとして、とても人気《にんき》が高《たか》いんだよ。

大昔《おおむかし》のレンズは、水晶《すいしょう》などから作《つく》られていたんだ！

1551年《ねん》

日本《にっぽん》に初《はじ》めてメガネ（老眼鏡《ろうがんきょう》）が伝来《でんらい》。イエズス会《かい》の宣教師《せんきょうし》フランシスコ・ザビエルが、周防《すおう》（現《げん》在《ざい》の山口県《やまぐちけん》）の大名《だいみょう》・大内義隆《おおうちよしたか》に贈《おく》ったものだという。残念《ざんねん》ながら、そのメガネは今《いま》は残《のこ》されていないそうだ。

東京《とうきょう》・上野《うえの》の不忍池《しのばずのいけ》には、徳川家康《とくがわいえやす》の持《も》っていたメガネをかたどった「めがね之碑《のひ》」という石碑《せきひ》がある。

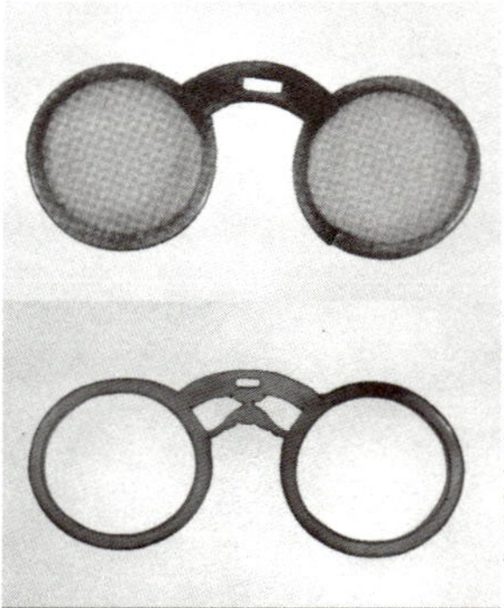

（久能山東照宮博物館蔵）

静岡県《しずおかけん》・久能山東照宮《くのうさんとうしょうぐう》の博物館《はくぶつかん》には、江戸幕府《えどばくふ》の将軍《しょうぐん》・徳川家康《とくがわいえやす》が使《つか》っていた大小二《だいしょうふた》つのメガネが残《のこ》されている。これらは「目器《めき》」と呼《よ》ばれる手持《ても》ち式《しき》のメガネ。現在《げんざい》のように、耳《みみ》にかけるタイプのメガネができたのは、もっとずっとあとの時代《じだい》になってからだ。

1590年《ねん》

オランダのヤンセン父子《ふし》が、けんび鏡《きょう》の仕組《しく》みを発明《はつめい》。

ヤンセン父子《ふし》が仕組《しく》みを発明《はつめい》して以来《いらい》、けんび鏡《きょう》は17世紀《せいき》ごろに盛《さか》んに作《つく》られるようになった。右《みぎ》の図《ず》は、オランダの商人《しょうにん》レーベンフックが作《つく》ったけんび鏡《きょう》。凸《とつ》レンズを一枚《まい》使《つか》っただけの単純《たんじゅん》な作《つく》りだが、小《ちい》さなものを約《やく》270倍《ばい》にも拡大《かくだい》して見《み》ることができた。レーベンフックは、このけんび鏡《きょう》でコルクを観察《かんさつ》し、コルクがいくつもの小《ちい》さなつぶからできていることを発見《はっけん》して、それを「細胞《さいぼう》」と名付《なづ》けたんだよ。

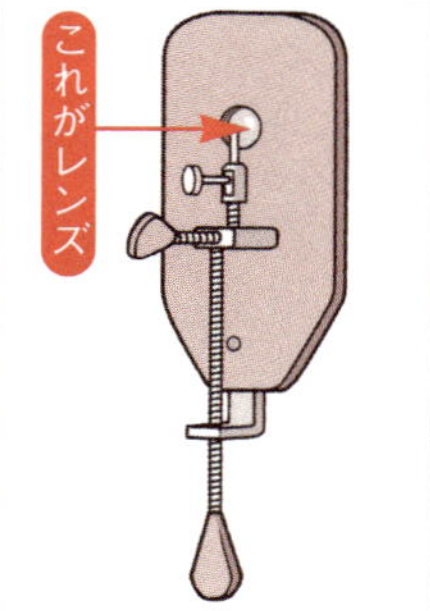

1608年《ねん》

オランダのレンズ職人《しょくにん》リッペルスハイが、２枚《まい》のレンズを使《つか》って、遠《とお》くのものが近《ちか》くに見《み》える望遠鏡《ぼうえんきょう》を発明《はつめい》。

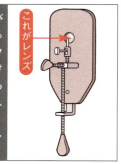

1609年《ねん》

ガリレオ・ガリレイが「ガリレオ式望遠鏡《しきぼうえんきょう》」を製作《せいさく》。この前年《ぜんねん》に、オランダのレンズ職人《しょくにん》リッペルスハイが望遠《ぼうえん》鏡《きょう》を発明《はつめい》したことを聞《き》きつけたガリレオが、自分《じぶん》でも望遠鏡《ぼうえんきょう》の仕組《しく》みを研究《けんきゅう》し、作《つく》り上《あ》げたものだった。ガリレオはこの望遠鏡《ぼうえんきょう》で、木《もく》星《せい》の４個《こ》の衛星《えいせい》、太陽《たいよう》の黒点《こくてん》などを発見《はっけん》した。

凸《とつ》レンズと凹《おう》レンズを組《く》み合《あ》わせて作《つく》ったガリレオ式望遠鏡《しきぼうえんきょう》。この望遠鏡《ぼうえんきょう》を初《はじ》めて月《つき》へ向《む》けたとき、ガリレオは思《おも》わずおどろきの声《こえ》をあげたという。そのころ、月《つき》の表面《ひょうめん》は鏡《かがみ》のようにつるつるだと考《かんが》えられていたのに、望遠鏡《ぼうえんきょう》で見《み》た月《つき》の表面《ひょうめん》は山《やま》や谷《たに》があり、地球《ちきゅう》のようにデコボコだったからだ。

1839年《ねん》

フランスの画家《がか》ダゲールが、ニエプス兄弟《きょうだい》と世界初《せかいはつ》のカメラ「ダゲレオタイプ・カメラ」を開発《かいはつ》。

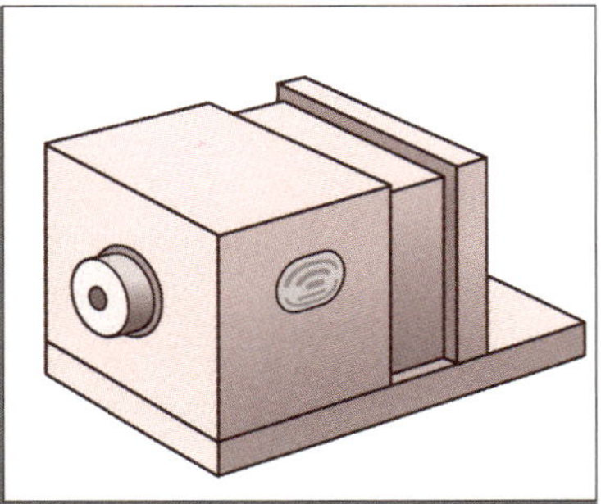

箱《はこ》に小《ちい》さな穴《あな》を開《あ》けて、風景《ふうけい》を逆《さか》さまに映《うつ》しとるピンホール・カメラ。カメラの元祖《がんそ》は、そのピンホール・カメラの仕組《しく》みを使《つか》ったカメラ・オブスキュラ（暗《くら》い部屋《へや》）と呼《よ》ばれる、大《おお》きな暗箱《あんばこ》だ。画家《がか》が風景《ふうけい》をスケッチするときなどに利用《りよう》していた。ピンホールを通《とお》して、すりガラスに風景《ふうけい》を映《うつ》し、その上《うえ》に紙《かみ》を置《お》いて、えんぴつでなぞっていたんだよ。やがてピンホールの部分《ぶぶん》に凸《とつ》レンズがはめられるようになり、さらに、すりガラスに映《うつ》していた画像《がぞう》を、銀《ぎん》の板《いた》に焼《や》き付《つ》けることができるようになった。その世界初《せかいはつ》のさつえい用《よう》カメラが、上《うえ》の図《ず》の「ダゲレオタイプ・カメラ」だ。でも、人物《じんぶつ》をさつえいするのに30分《ぷん》もかかったから、さつえいされる人《ひと》も大変《たいへん》だっただろうね。

昨日《きのう》は大変《たいへん》じゃったな、新一《しんいち》……。
それで、暗号《あんごう》の謎《なぞ》は解《と》けそうなのか?
……。
う~~~ん。
F2-1

FILE《ファイル》 2

虫《むし》メガネが謎《なぞ》のカギ!?

身近《みぢか》に使《つか》われているレンズ

エメラルドのレンズとともに、蘭《らん》もさらわれてしまった! コナンは元太《げんた》たちと、謎《なぞ》のカギとなる虫《むし》メガネの調査《ちょうさ》を開始《かいし》する!!

目暮警部《めぐれけいぶ》にたのんで、なんとか暗号《あんごう》のコピーはもらったんだけど……。
べいおかし　べいおかし
あなほーる　あなほーる
けかいさつ　けかいさつ
こうりこう　こうりこう
3つらの　3つらの
まんじなか　まんじなか
にじこい　にじこい
さすがの新一《しんいち》も、まだ解読《かいどく》できんのか……。
一緒《いっしょ》に虫《むし》メガネがあったんじゃろ?
……うん。
F2-2
わしは、その虫《むし》メガネに重大《じゅうだい》なヒントがかくされておると思《おも》うんじゃが……。
ああ。
それが……、鑑識《かんしき》の調《しら》べたところによると、何《なん》の変哲《へんてつ》もない虫《むし》メガネだってことなんだ……。

小五郎《こごろう》のおっちゃんは、赤《あか》メガネは自分《じぶん》にうらみのある奴《やつ》にちがいないって、昔《むかし》の調書《ちょうしょ》、調《しら》べてるし——。
警察《けいさつ》は警察《けいさつ》であてにならないし…………。
……そうじゃな……。
だからおれが暗号《あんごう》を解《と》かないと!!
おれじゃなくっておれたちでしょ！
おっ。

バンッ
お……
おまえら……。
F2-4
おれたちだって暗号《あんごう》くらい解《と》けるさ！
バカ！
おまえらはかかわるな!!
赤《あか》メガネは、蘭《らん》をゆうかいするような危《あぶ》ない奴《やつ》なんだぞ！
あら？
そんなこと言《い》ってコナンくん……、調査《ちょうさ》は進《すす》んでいるの？
………
それは……。
ぽりぽり

……とにかくだな〜。
まぁまぁ。
じつは昨日《きのう》の夜《よる》……、彼《かれ》らから何《なに》かの役《やく》に立《た》ちたいと、相談《そうだん》を受《う》けてな……。
暗号《あんごう》と一緒《いっしょ》にあった虫《むし》メガネ……。すなわち、レンズについて調《しら》べてみては?って教《おし》えてもらったんですよ!
——と いうわけで……、
レンズについて……、
みんなで調《しら》べてきたってわけ!!

蘭《らん》お姉《ねえ》さんの命《いのち》がかかってるんですから……。
私《わたし》たちにも手伝《てつだ》わせなさいよ！
そう言《い》われたってな〜〜〜〜。
まあ、レンズを調《しら》べるくらいなら危険《きけん》はないじゃろう……。
……
……ああ。
——で、何《なに》かわかったのか？
そうこなくっちゃ！
まずは歩美《あゆみ》が調《しら》べたことから発表《はっぴょう》するね！
F2-6

レンズには、大《おお》きくわけて2つの種類《しゅるい》があるわ！
凸《とつ》レンズ
凹《おう》レンズ
レンズには凸《とつ》レンズと凹《おう》レンズがあるの。真《ま》ん中《なか》がふくらんでいるのが凸《とつ》レンズ、へこんでいるのが凹《おう》レンズよ！

F2-7

凸《とつ》レンズと凹《おう》レンズのちがい

中央《ちゅうおう》の部分《ぶぶん》が周辺《しゅうへん》より厚《あつ》いレンズを凸《とつ》レンズ、うすいレンズを凹《おう》レンズという。

この2種類《しゅるい》には形《かたち》によって下《した》のようなものがあるよ。レンズは中《なか》に入《はい》った光《ひかり》の進《すす》み方《かた》を変《か》えるけど、凸《とつ》レンズは光《ひかり》を集《あつ》め、凹《おう》レンズは光《ひかり》を散《ち》らす効果《こうか》があるんだ。

2種類《しゅるい》のレンズは、形《かたち》も性質《せいしつ》もちがっているんだね。

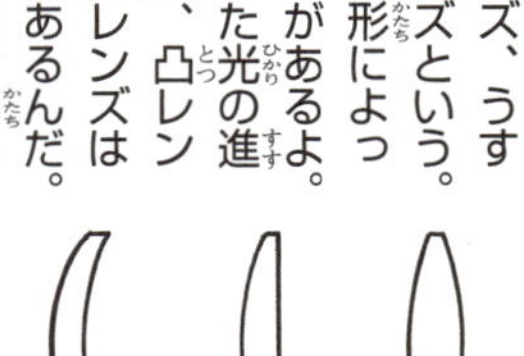
凸《とつ》メニスカレンズ
平凸《ひらとつ》レンズ
両凸《りょうとつ》レンズ
凹《おう》メニスカレンズ
平凹《ひらおう》レンズ
両凹《りょうおう》レンズ

へ──、そうなんだ！
この2つのレンズは両方《りょうほう》ともメガネに使《つか》われているのよ。

コナンくんが使《つか》ってる近視用《きんしよう》メガネには凹《おう》レンズが、博士《はかせ》の使《つか》っている老眼鏡《ろうがんきょう》には凸《とつ》レンズが使《つか》われているのよ。
おれのはダテメガネだけど……。
ここからは私《わたし》の推理《すいり》だけど……。
赤《あか》メガネは、虫《むし》メガネ……つまり凸《とつ》レンズを2つおいていった……。
キリッ
凸《とつ》レンズが2つといえば老眼鏡《ろうがんきょう》！つまり、赤《あか》メガネの正体《しょうたい》は老眼鏡《ろうがんきょう》をかけている老人《ろうじん》よ！
バ〜ン
ズルッ
なんて推理《すいり》だ……。

F2-8

赤《あか》メガネが老人《ろうじん》かどうかは別《べつ》にして……。
その調査《ちょうさ》はきっと推理《すいり》に役立《やくだ》つよ……。
ホント？やった!!
はいはい、どいたどいた。
よーし、今度《こんど》はおれたちの出番《でばん》だぜ!!
ぼくたちは、レンズがどんな身近《みぢか》なものに使《つか》われているか調《しら》べてみました。
うんうん。

F2-9

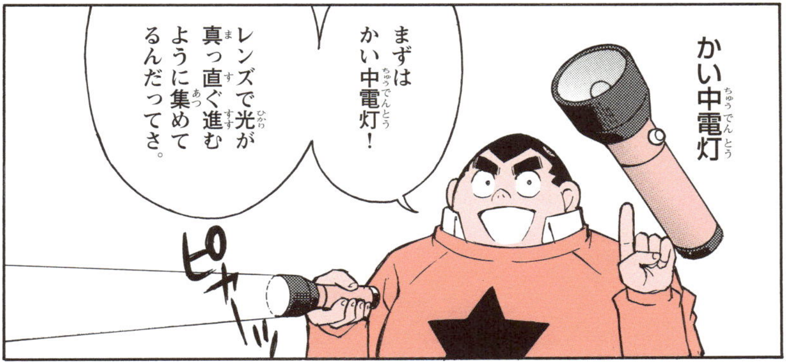
かい中電灯《ちゅうでんとう》
まずはかい中電灯《ちゅうでんとう》！
レンズで光《ひかり》が真《ま》っ直《す》ぐ進《すす》むように集《あつ》めてるんだってさ。
ピカーッ

F2-10

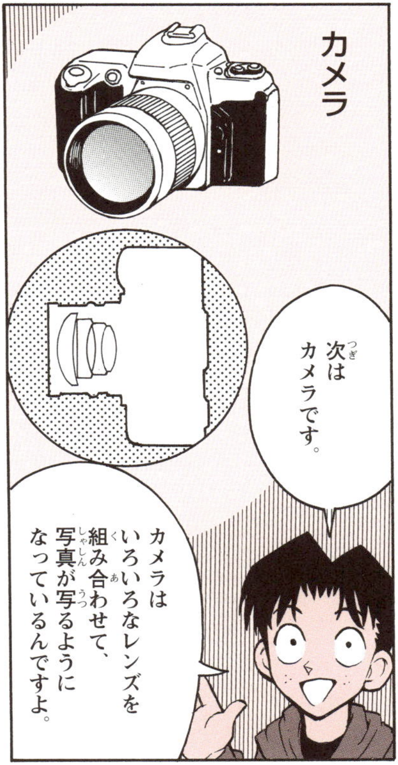
カメラ
次《つぎ》はカメラです。
カメラはいろいろなレンズを組《く》み合《あ》わせて、写真《しゃしん》が写《うつ》るようになっているんですよ。

CD《シーディー》プレーヤー

CD《シーディー》の音楽《おんがく》データを読《よ》み取《と》る部品《ぶひん》として、ピックアップレンズという、小《ちい》さなレンズが使《つか》われているよ。

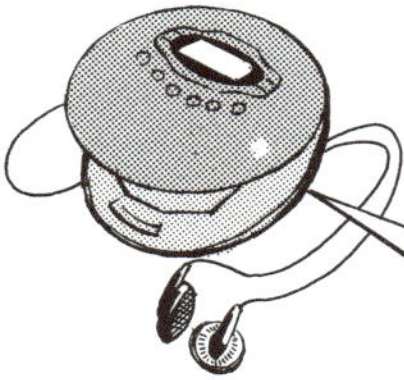

ここがレンズ

コピー機《き》

コピー機《き》のガラス面《めん》に乗《の》せた画像《がぞう》を読《よ》み取《と》る部品《ぶひん》に、レンズが使《つか》われているんだ。

ファックス

コピー機《き》と同《おな》じように、ファックスで送《おく》る画像《がぞう》を読《よ》み取《と》る部品《ぶひん》にレンズが使《つか》われている。

ほかにもいろいろ使《つか》われてるぜ。

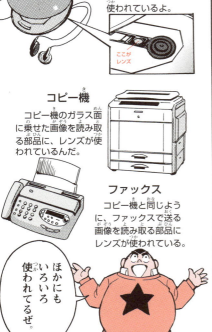

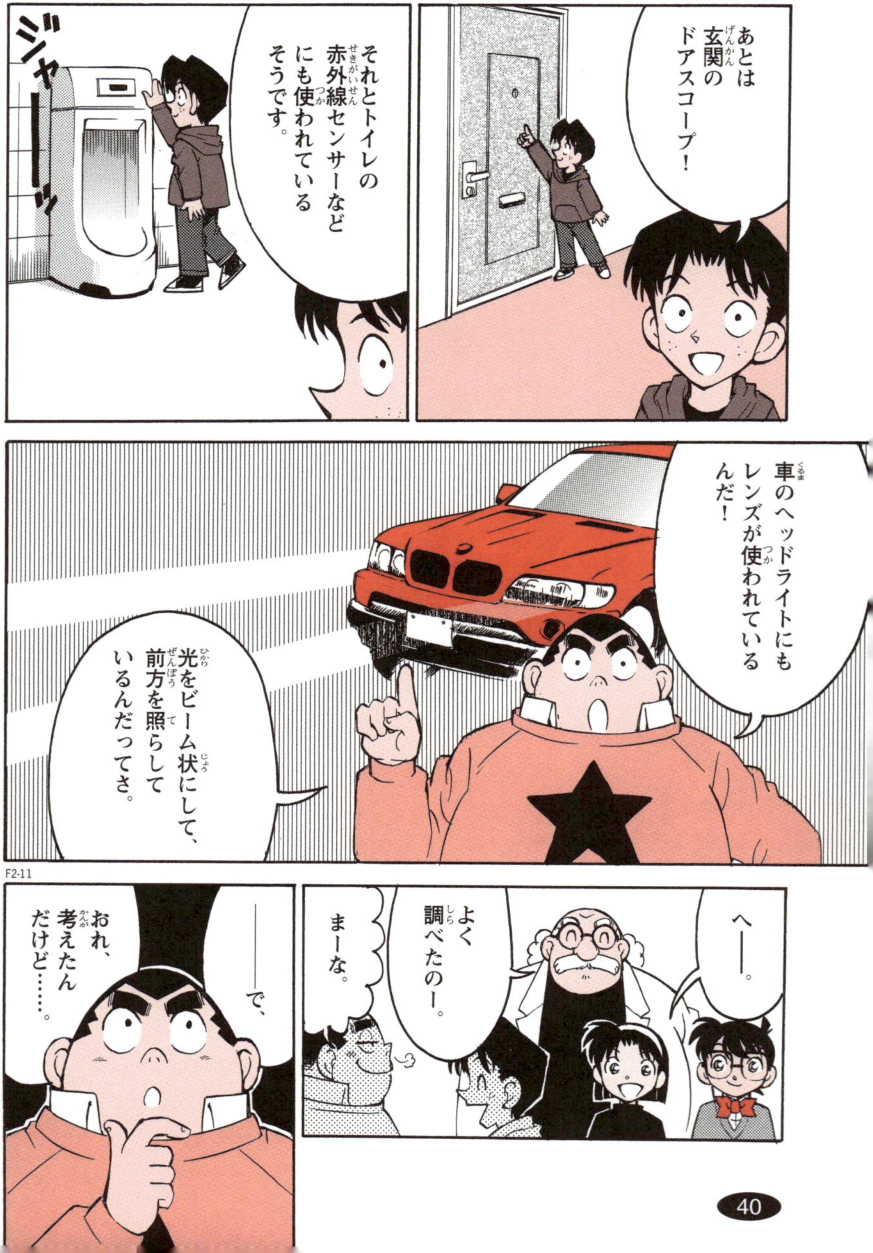
あとは
玄関《げんかん》のドアスコープ！
それとトイレの赤外線《せきがいせん》センサーなどにも使《つか》われているそうです。
ジャーーッ
車《くるま》のヘッドライトにもレンズが使《つか》われているんだ！
光《ひかり》をビーム状《じょう》にして、前方《ぜんぽう》を照《て》らしているんだってさ。
へーー。
よく調《しら》べたのー。
まーな。
——で、
おれ、考《かん》えたんだけど……。

F2-11

あの暗号《あんごう》をかい中電灯《ちゅうでんとう》で照《て》らしてみれば……
解読《かいどく》できるんじゃねーか？
いえ！
暗号《あんごう》はカメラでさつえいしたら解読《かいどく》できるはずです！
かい中電灯《ちゅうでんとう》だ！
カメラに決《き》まってます！
これこれっ、おたがい実験《じっけん》してみればよかろう。
ピカーッ
べいおかし べいおかし
あなぼーる あなぼーる
けかいきつ けかいきつ
こうりこう こうりこう
3つらの 3つらの
まんじなか まんじなか
にじこい にじこい
ダメか〜〜〜っっ。
ガ〜ん
パシャ
……。
……。

F2-12

私《わたし》はレンズが使《つか》われている施設《しせつ》を調《しら》べてみたわ。
施設《しせつ》？
そう！この近《ちか》くにもレンズを使《つか》っている3つの施設《しせつ》があるの。

F2-13

まずは映画館《えいがかん》。
スクリーンに投影《とうえい》する映写機《えいしゃき》にレンズが使《つか》われているわ。
米花シネマ
2つ目《め》は灯台《とうだい》よ。
レンズによって遠《とお》くまで光《ひかり》で照《て》らすことができるの。
3つ目《め》は東都《とうと》タワー。
展望台《てんぼうだい》の双眼鏡《そうがんきょう》！

へ〜〜〜。
いろんな所《ところ》にレンズが使《つか》われているのね！
そういうこと！
もしかしたら、この3つの施設《しせつ》の中《なか》に……!?
!!
そうか！
赤《あか》メガネがエメラルドのレンズをかくしているかもしれない!!
よし、調《しら》べにいこう！
おう!!
ダッ

F2-14

……
3か所《しょ》とも手《て》がかりなしか……。
……すまねぇな。
みんなにも手間《てま》をかけさせて……。

何《なに》バカなこと言《い》ってるの！
私《わたし》たち少年探偵団《しょうねんたんていだん》でしょ！
そうだよ。おれたち仲間《なかま》だろ！
そうですよ。
……みんな……。
よし！
F2-16
おれたち少年探偵団《しょうねんたんていだん》!!
赤《あか》メガネから、蘭《らん》とエメラルドのレンズをかならず取《と》りもどすぞ!!
おーーー!!!

虫《むし》メガネを使《つか》ってみよう!

レンズを使《つか》うと、物《もの》はどんなふうに見《み》えるのだろう?
凸《とつ》レンズや凹《おう》レンズを使《つか》って、いろいろな物《もの》を見《み》てみよう!

用意《ようい》するもの

●凹《おう》レンズ●

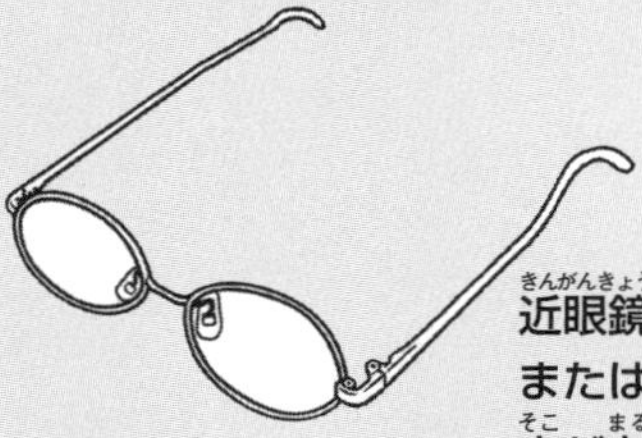

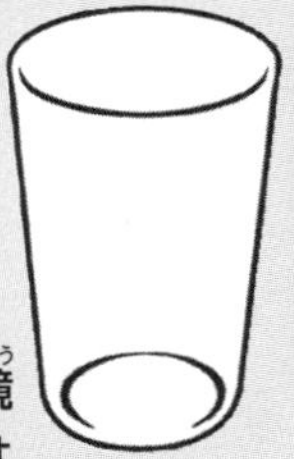

近眼鏡《きんがんきょう》
または
底《そこ》が丸《まる》くへこんだコップ

●凸《とつ》レンズ●

虫《むし》メガネ
または
老眼鏡《ろうがんきょう》

① 凸《とつ》レンズで近《ちか》くの物《もの》を見《み》る

虫《むし》メガネなどの凸《とつ》レンズを用意《ようい》したら、まず近《ちか》くの物《もの》を見《み》てみよう。本《ほん》の字《じ》などが大《おお》きく見《み》えるよ。

② 凸《とつ》レンズで遠《とお》くの物《もの》を見《み》る

凸《とつ》レンズで遠《とお》くの物《もの》を見《み》ると、上下《じょうげ》が逆《さか》さになって見《み》える。なぜ逆《さか》さに見《み》えるのかは、【FILE《ファイル》3/観察《かんさつ》して、真実《しんじつ》を見極《みきわ》めろ!?】を読《よ》もう。

③ 凹《おう》レンズと凸《とつ》レンズの見《み》え方《かた》のちがい

凹《おう》レンズでも近《ちか》くや遠《とお》くの物《もの》を見《み》て、見《み》え方《かた》のちがいを確認《かくにん》しよう。

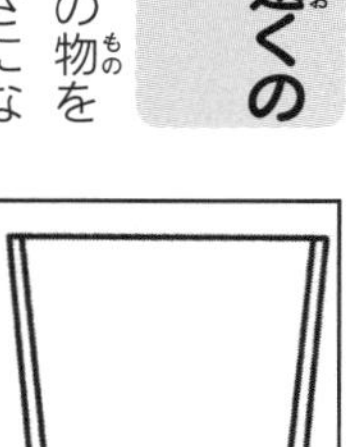

近眼鏡《きんがんきょう》がない場合《ばあい》は代《か》わりに、横《よこ》から見《み》て、図《ず》のように底《そこ》の真《ま》ん中《なか》がうすくなっているコップを用意《ようい》しよう。

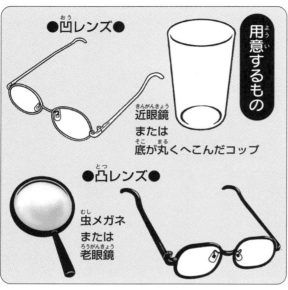

凸《とつ》レンズの見《み》え方《かた》

●近《ちか》くの物《もの》を見《み》る場合《ばあい》
→近《ちか》くの字《じ》などが大《おお》きく見《み》える

●遠《とお》くの物《もの》を見《み》る場合《ばあい》
→遠《とお》くに立《た》っている人《ひと》などが逆《さか》さに見《み》える

凹《おう》レンズの見《み》え方《かた》

●近《ちか》くの物《もの》を見《み》る場合《ばあい》
→近《ちか》くの字《じ》などが小《ちい》さく見《み》える

●遠《とお》くの物《もの》を見《み》る場合《ばあい》
→遠《とお》くに立《た》っている人《ひと》などが、上下《じょうげ》はそのままに小《ちい》さく見《み》える

FILE《ファイル》 3

観察《かんさつ》して、真実《しんじつ》を見極《みきわ》めろ!?

レンズで大《おお》きくしてみよう!

赤《あか》メガネの手《て》がかりをつかめずに、あせるコナンたちは、阿笠博士《あがさはかせ》にレンズの仕組《しく》みを教《おし》えてもらうことに……。はたして、暗号《あんごう》は解読《かいどく》できるのか!?

そうか。
レンズに関係《かんけい》ある施設《しせつ》には、手《て》がかりはなかったか……。
ああ。でも絶対《ぜったい》にレンズが謎《なぞ》を解《と》くカギだと思《おも》うんだけど……。
F3-1

きっと、虫《むし》メガネを使《つか》って、暗号《あんごう》を解《と》くんだろうな。
元太《げんた》にしてはいいこと言《い》うじゃんか！
えっへん
見直《みなお》しましたよ。
まーな。
って──、元太《げんた》にしては・・・って何《なん》だよ〜〜〜〜〜。
わりー、わりー。
でも、おれ……、
F3-2
虫《むし》メガネって使《つか》ったことないや……。
ズゴッ

はじめはいいこと言ってたのにな〜
しょーがねーじゃん使ったことねーんだから〜
よし。
じゃあ、みんなに虫《むし》メガネを一個《いっこ》ずつあげよう。
ちゃっ
わー、やった!
博士《はかせ》、ありがとう!!
まずは虫《むし》メガネでいろいろな物《もの》を見《み》てみることじゃ。
いろんな発見《はっけん》があるはずじゃぞ。

F3-3

そうか。虫《むし》メガネでいろいろ見《み》ることで暗号《あんごう》の解読法《かいどくほう》がわかるかもな！
うむ。
よーし、いろんな物《もの》を観察《かんさつ》するぞー。
ぼくは何《なに》を見《み》ようかな——。
それじゃ各自《かくじ》、いろいろ観察《かんさつ》して、明日《あした》ここに集《あつ》まろうぜ！
おーーっ！
くれぐれも虫《むし》メガネで太陽《たいよう》は見《み》ないようにな。
さよならー。
また明日《あした》！

F3-4

――次《つぎ》の日《ひ》――
みんな、ちゃんと観察《かんさつ》してきたか？
おーーー!!
じゃあ、私《わたし》から発表《はっぴょう》するね。
私《わたし》はお花《はな》を見《み》てみたわ！
めしべ、おしべ、葉《は》っぱの模様《もよう》なんかがよく見《み》えたわ。

ほほーーっ
花《はな》の観察《かんさつ》かー。女《おんな》の子《こ》っぽくてかわいいね。
へへへ、なんかてれちゃうな。
ぽっ
私《わたし》は洋服《ようふく》とハンカチを見《み》てみたわ。
すべて糸《いと》でできてることが、よくわかったわ。
なるほど！
服《ふく》とか見《み》るなんて、
さすが灰原《はいばら》は目《め》のつけどころがちがうな。
じゃ、次《つぎ》は――。
おれだ!!

F3-6

おれは手《て》のひらを見《み》たぞ。
……。
指《し》もんや手《て》のひらの筋《すじ》がよく見《み》えて、おもしろかったぜ！
じゃ次《つぎ》は——。
でも、
いろいろ見《み》ていて気《き》になったことがあるんだ！
……っ。
なんで虫《むし》メガネを使《つか》うと物《もの》が大《おお》きく見《み》えるんだ？
おっ。
それはいい質問《しつもん》じゃな。

F3-7

バカだなー、元太《げんた》くん。
それは虫《むし》メガネがレンズだからじゃないですか。
じゃあなんでレンズで大《おお》きく見《み》えるんだよ！
………
……それは……。
それは光《ひかり》の性質《せいしつ》……、直進《ちょくしん》と屈折《くっせつ》があるからなんじゃや！
直進と屈折？
直進《ちょくしん》と屈折《くっせつ》？

F3-8

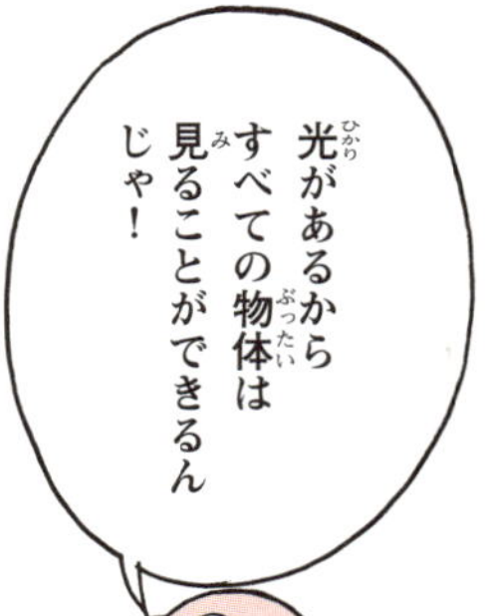
光《ひかり》があるからすべての物体《ぶったい》は見《み》ることができるんじゃ！

レンズは光《ひかり》の直進《ちょくしん》と屈折《くっせつ》を利用《りよう》している！

虫《むし》メガネなどの凸《とつ》レンズを使《つか》うと物《もの》が大《おお》きく見《み》えるのは、「直進《ちょくしん》と屈折《くっせつ》」という光《ひかり》の性質《せいしつ》を利用《りよう》しているからだ。何《なに》もない場所《ばしょ》では、光《ひかり》は真《ま》っ直《す》ぐ進《すす》む性質《せいしつ》がある（光《ひかり》の直進《ちょくしん》）。だが、空気中《くうきちゅう》から、レンズや水《みず》など透明《とうめい》な物《もの》の中《なか》に入《はい》り、通過《つうか》することによって、光《ひかり》は曲《ま》げられてしまうんだ（光《ひかり》の屈折《くっせつ》）。

どんなレンズにも、下《した》の図《ず》のように、屈折《くっせつ》した光《ひかり》が集《あつ》まる場所《ばしょ》、すなわち「焦点《しょうてん》」がある。そして、レンズの中心《ちゅうしん》から、焦点《しょうてん》までの長《なが》さを「焦点距離《しょうてんきょり》」というんだ。この焦点距離《しょうてんきょり》は、レンズの大《おお》きさや、形《かたち》によってちがってくるんだよ。

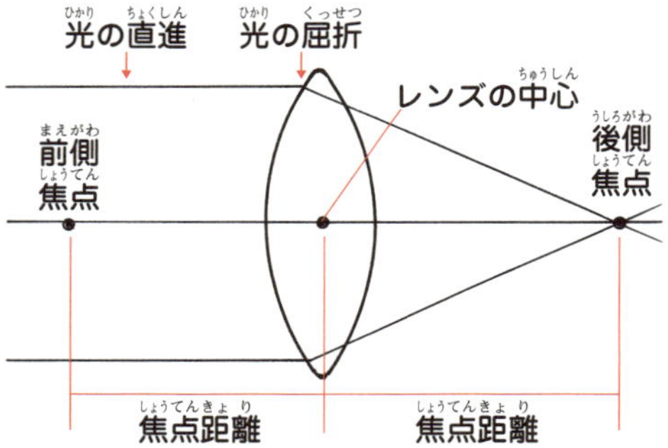
光《ひかり》の直進《ちょくしん》
光《ひかり》の屈折《くっせつ》
レンズの中心《ちゅうしん》
前側《まえがわ》焦点《しょうてん》
後側《うしろがわ》焦点《しょうてん》
焦点距離《しょうてんきょり》
焦点距離《しょうてんきょり》

レンズは光《ひかり》を屈折《くっせつ》させているんですね。

どうしてレンズで大《おお》きく見《み》えるの？

では、なぜ凸《とつ》レンズで物《もの》が大《おお》きく見《み》えるのか？

そもそも人《ひと》が物《もの》を見《み》るということは、物《もの》に反射《はんしゃ》した光《ひかり》を見《み》ているということだ。図《ず》のように花《はな》と目《め》の間《あいだ》に凸《とつ》レンズをおくと、花《はな》が反射《はんしゃ》した光《ひかり》がレンズで屈折《くっせつ》して、目《め》に入《はい》っているよね。そのため人《ひと》の目《め》には、屈折《くっせつ》した光《ひかり》の延長上《えんちょうじょう》（下《した》の図《ず》の点線《てんせん》の先《さき》）に、本物《ほんもの》より大《おお》きな花《はな》があるように見《み》えるんだ。

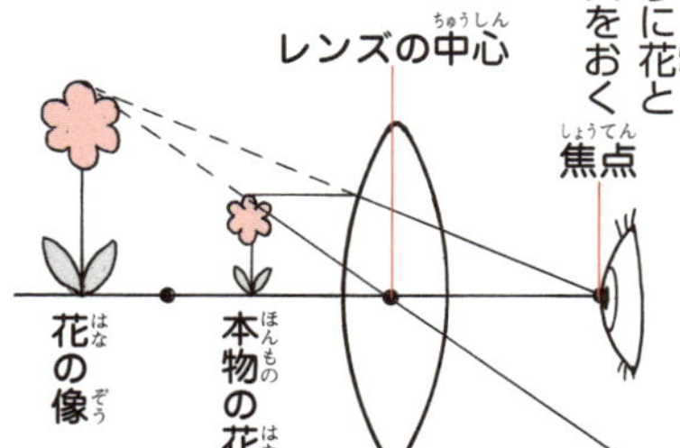
レンズの中心《ちゅうしん》
焦点《しょうてん》
花《はな》の像《ぞう》
本物《ほんもの》の花《はな》

F3-9

ほーほー。

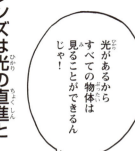

F3-10

この実験《じっけん》は62〜63ページにやり方《かた》の説明《せつめい》があるよ!

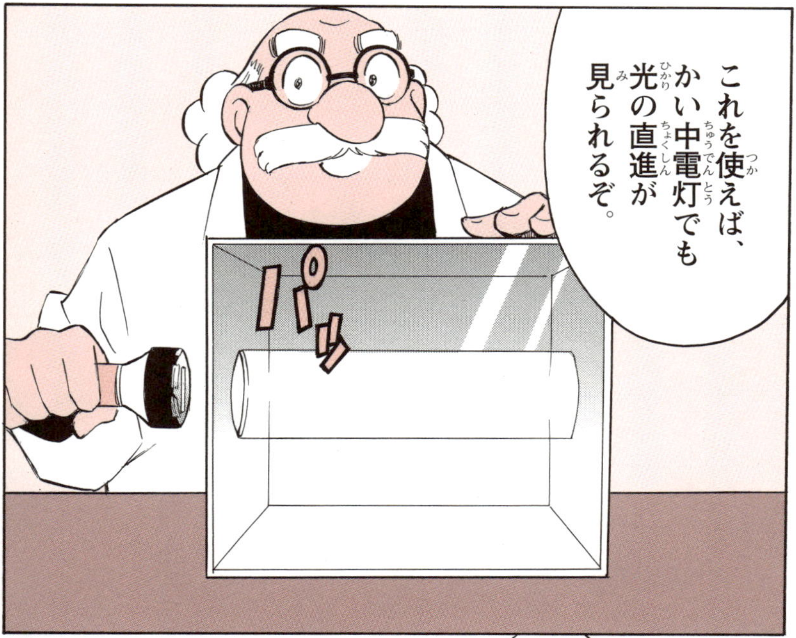
これを使《つか》えば、かい中電灯《ちゅうでんとう》でも光《ひかり》の直進《ちょくしん》が見《み》られるぞ。
パッ

F3-11

そして箱《はこ》の穴《あな》に、虫《むし》メガネを当《あ》ててみると――。

ほら!
わー――。
光《ひかり》が曲《ま》がったぞー。
そう!真《ま》っ直《す》ぐだった光《ひかり》が曲《ま》がって、一《いっ》か所《しょ》に集《あつ》まってるじゃろう。
これが光《ひかり》の屈折《くっせつ》じゃ。

F3-12

あの〜〜〜、
まだぼくの発表《はっぴょう》が……。
なんだよー、グズグズしてんなよ。
元太《げんた》くんがジャマするからですよ——。
むすっ
ぼくは本《ほん》の表紙《ひょうし》を見《み》てみました。
小一年生
カラー印刷《いんさつ》はいろんな色《いろ》のつぶでできてるんですよ。
!!
もしかしたら!
?
バッ
暗号《あんごう》の文字《もじ》に小《ちい》さな模様《もよう》がかくされてるかも!!
F3-13

なにか見《み》えるの、コナンくん？
どうなんだよ、コナン〜〜〜。
……なんにも……。
は——。
だめだったかー。
……。
みんな、気《き》を落《お》とさずに……。解読法《かいどくほう》はきっと見《み》つかるさ。
F3-14
……。
ちくしょう！
こうしてる間《あいだ》にも蘭《らん》は……。
………なんとかしなきゃ……。

目《め》で見《み》る光《ひかり》の直進《ちょくしん》と屈折《くっせつ》

この実験《じっけん》では火《ひ》を使《つか》うから、かならずおとなの人《ひと》とやろう！

用意《ようい》するもの

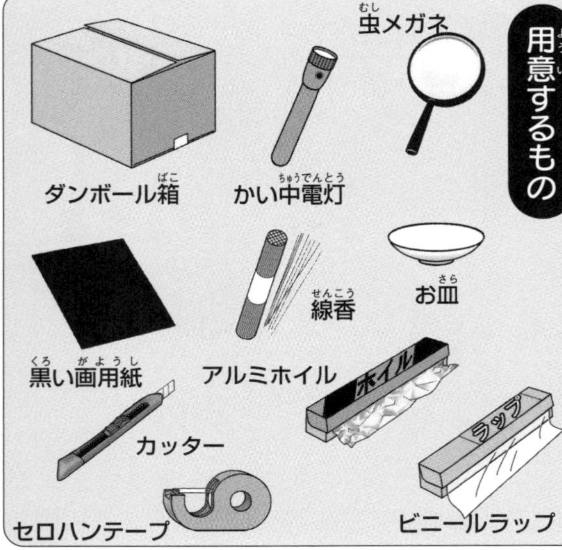

① 箱《はこ》に穴《あな》を開《あ》けてラップをはろう

まず、ダンボール箱《ばこ》の正面《しょうめん》をカッターで大《おお》きく四角《しかく》に切《き》り取《と》って、窓《まど》を開《あ》ける。次《つぎ》に、かい中電灯《ちゅうでんとう》の大《おお》きさに合《あ》わせて、箱《はこ》の側面《そくめん》に丸《まる》い穴《あな》を開《あ》けよう。

ビニールラップで正面《しょうめん》の窓《まど》にフタをするよ。箱《はこ》を裏返《うらがえ》して、ビニールラップをセロハンテープで底面《ていめん》にとめよう。次《つぎ》に、箱《はこ》を元《もと》にもどして、上《うえ》の方《ほう》をテープで軽《かる》くとめておこう。

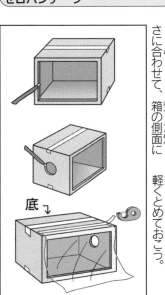

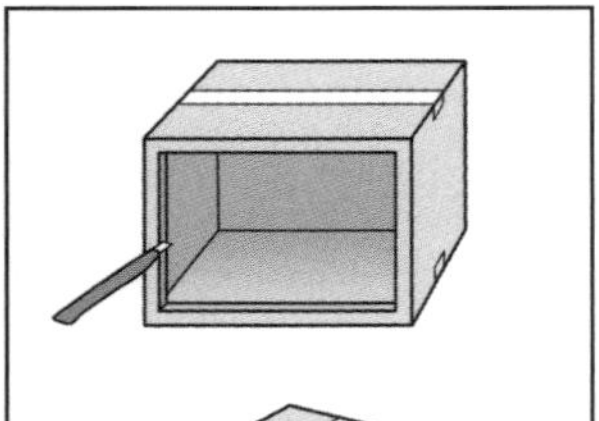

② 画用紙《がようし》にスリットを開《あ》けよう

かい中電灯《ちゅうでんとう》の光《ひかり》がなるべく真《ま》っ直《す》ぐ進《すす》むように、スリットを入《い》れた画用紙《がようし》でフタをするよ。かい中《ちゅう》電灯《でんとう》の大《おお》きさに合《あ》わせて丸《まる》く切《き》った黒《くろ》い画用紙《がようし》の中央《ちゅうおう》に幅《はば》1㎜のすじを入《い》れ、照明部分《しょうめいぶぶん》をおおうようにテープでとめよう。

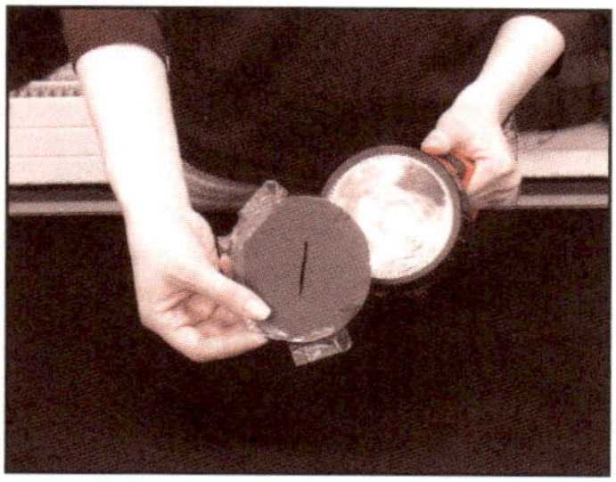

③ ダンボール箱《ばこ》の中《なか》で線香《せんこう》をたこう

アルミホイルをしいた皿《さら》に、火《ひ》をつけた線香《せんこう》をのせて、ダンボール箱《ばこ》の中《なか》に入《い》れる。けむりがにげないように、ビニールラップでフタをしよう。

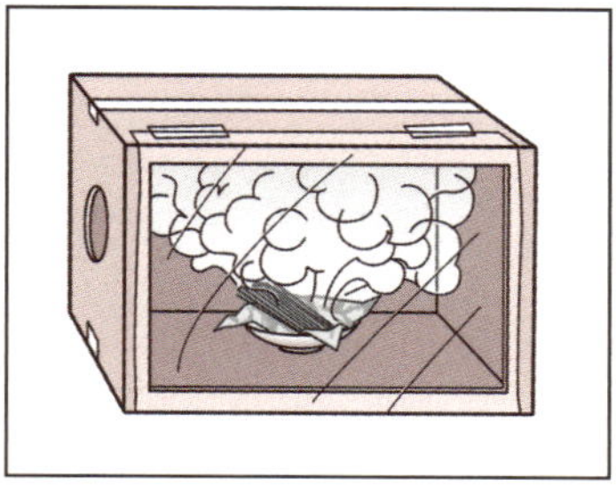

火事《かじ》とヤケドに注意《ちゅうい》しよう！

④ 光《ひかり》の直進《ちょくしん》を観察《かんさつ》してみよう

箱《はこ》の側面《そくめん》に開《あ》けた丸《まる》い穴《あな》から、かい中電灯《ちゅうでんとう》の光《ひかり》で箱《はこ》の中《なか》を照《て》らしてみよう。光《ひかり》がけむりに反射《はんしゃ》して、光《ひかり》の直進《ちょくしん》を観察《かんさつ》できるよ。そうしたら次《つぎ》は、かい中電灯《ちゅうでんとう》と箱《はこ》の間《あいだ》に虫《むし》メガネを入《い》れて、光《ひかり》の屈《くっ》折《せつ》も観察《かんさつ》してみよう。

これを使《つか》えば、かい中電灯《ちゅうでんとう》でも光《ひかり》の直進《ちょくしん》が見《み》られるぞ。
パッ

虫《むし》メガネで光《ひかり》が屈折《くっせつ》して集《あつ》まってる！
真《ま》っ暗《くら》な部屋《へや》でやると、見《み》やすいよ。

キミも
実験《じっけん》!

レンズが物《もの》を逆《さか》さまにする!?

虫《むし》メガネを使《つか》って、白《しろ》いボール紙《がみ》にロウソクの火《ひ》を逆《さか》さまに映《うつ》してみよう!!

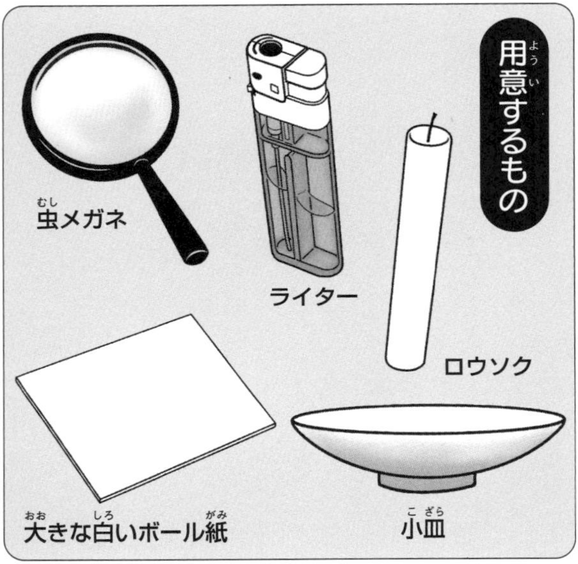
用意《ようい》するもの
虫《むし》メガネ
ライター
ロウソク
大《おお》きな白《しろ》いボール紙《がみ》
小皿《こざら》

① ロウソクに火《ひ》をつける

ロウソクに、ライターで火《ひ》をつけよう。小皿《こざら》や小《こ》ばちの裏《うら》にロウをたらして、そのロウが固《かた》まらないうちにロウソクを立《た》てよう。

小皿《こざら》の裏《うら》にロウをたらして、
ロウソクを立《た》てよう!

② スクリーンとして白《しろ》いボール紙《がみ》を用意《ようい》する

ロウソクから50cmくらい離《はな》れたところに、白《しろ》いボール紙《がみ》を立《た》てよう。ボール紙《がみ》は、かならずおとなの人《ひと》に支《ささ》えてもらおう。

③ ロウソクとボール紙《がみ》の間《あいだ》に虫《むし》メガネを入《い》れてみる

ボール紙《がみ》のスクリーンに、逆《さか》さまになったロウソクの像《ぞう》が映《うつ》るよ。ピントが合《あ》うまでレンズの位置《いち》を前《ぜん》後《ご》に動《うご》かしてみよう。

この実験《じっけん》では、火《ひ》を使《つか》うので、かならずおとなの人《ひと》と一緒《いっしょ》にやろう。火事《かじ》やヤケドには十分注《じゅうぶんちゅう》意《い》してね！

ピントが合《あ》うと、逆《さか》さまになったロウソクの像《ぞう》がハッキリ映《うつ》る。
ロウソクのわきに手《て》をかざすと、手《て》の像《ぞう》も映《うつ》るよ！

レンズが、ロウソクの火《ひ》を逆《さか》さまに映《うつ》す仕組《しく》み

実験《じっけん》は成功《せいこう》しただろうか？　ここでは、左《ひだり》の図《ず》を使《つか》って、レンズがロウソクの火《ひ》を逆《さか》さまに映《うつ》す仕組《しく》みを説明《せつめい》しよう。

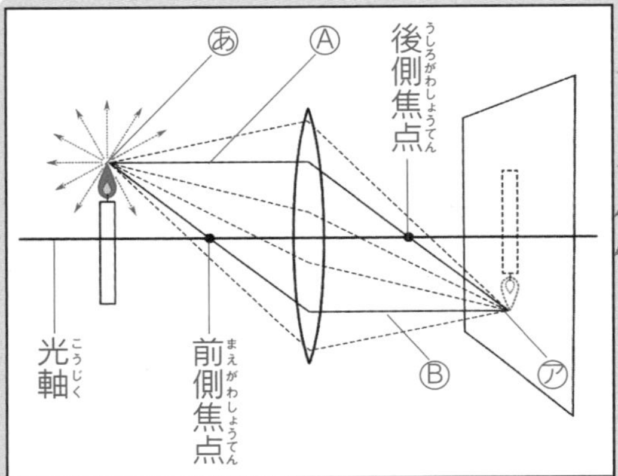

レンズの前《まえ》と後《うし》ろには「焦点《しょうてん》」というものがある。凸《とつ》レンズの場合《ばあい》、その焦点《しょうてん》よりも内側《うちがわ》に物《もの》があると、レンズの反対側《はんたいがわ》から見《み》たときに、物《もの》が大《おお》きく見《み》える。逆《ぎゃく》に焦点《しょうてん》の外《そと》にある物《もの》は、逆《さか》さまに見《み》えてしまうんだ。

　上《うえ》の図《ず》のうち、レンズの中心《ちゅうしん》を通《とお》る光《ひかり》の線《せん》を「光軸《こうじく》」というよ。

①光軸《こうじく》と平行《へいこう》にレンズに入《はい》った光《ひかり》は、かならず後側焦点《うしろがわしょうてん》を通《とお》る（Ⓐ）。

②前側焦点《まえがわしょうてん》を通《とお》った光《ひかり》は、レンズを通過《つうか》したあと、かならず光軸《こうじく》と平行《へいこう》に進《すす》む（Ⓑ）。

③物《もの》のある1点《てん》から出《で》たあらゆる光線《こうせん》は、レンズを通過《つうか》したあと、反対側《はんたいがわ》の1点《てん》に集《あつ》まる（㋐）。

　つまり、ロウソクの「あ」という点《てん》から出《で》た光線《こうせん》は、この3つのルールにしたがって、レンズの反対側《はんたいがわ》の「㋐」という点《てん》に集《あつ》まっている。「あ」以外《いがい》の点《てん》から出《で》た光線《こうせん》も、同《おな》じようにレンズの反対側《はんたいがわ》の対《つい》となる点《てん》に集《あつ》まるため、結果《けっか》としてロウソクが逆《さか》さまに映《うつ》るんだ。

コナンに挑戦《ちょうせん》！

虫《むし》メガネを3個《こ》かさねると？

凸《とつ》レンズをかさねると、焦点距離《しょうてんきょり》を変《か》えることができる。ライトスタンドを使《つか》って、実験《じっけん》してみよう！

用意《ようい》するもの

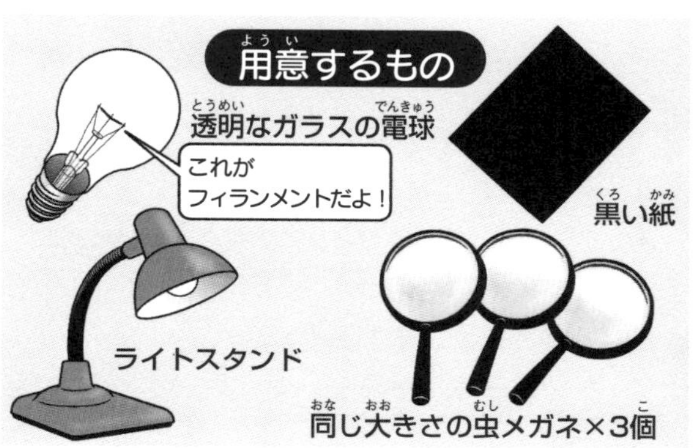
透明《とうめい》なガラスの電球《でんきゅう》
これがフィラメントだよ！
黒《くろ》い紙《かみ》
ライトスタンド
同《おな》じ大《おお》きさの虫《むし》メガネ×3個《こ》

1 ライトスタンドの下《した》に黒《くろ》い紙《かみ》を広《ひろ》げよう

明《あ》かりをつけたライトスタンドの下《した》へ、虫《むし》メガネを1個《こ》入れてみよう。うまくピントを合《あ》わせると、紙《かみ》の上《うえ》にフィラメントの像《ぞう》が映《うつ》るよ。

ここで問題《もんだい》

今度《こんど》は同《おな》じ大《おお》きさの虫《むし》メガネを3個《こ》かさねて、フィラメントの像《ぞう》を作《つく》ろう。レンズをかさねると、焦点距離《しょうてんきょり》を変《か》えることができるんだ。では、かさねた虫《むし》メガネは電球《でんきゅう》に近《ちか》づけられるのだろうか、それとも離《はな》すことができるのだろうか？ 答《こた》えは189ページだよ。

FILE《ファイル》 4

疑惑《ぎわく》のペンション放火事件《ほうかじけん》!!

レンズは光《ひかり》を集《あつ》めるだけじゃない!?

毛利探偵事務所《もうりたんていじむしょ》を訪《おとず》れた依頼人《いらいにん》の男性《だんせい》。経営《けいえい》するペンションが火事《かじ》で焼《や》けてしまったというが、その裏《うら》には事件《じけん》の気配《けはい》が……。

チュン
チュン
毛利探偵事務所
毛利探偵
おっちゃん、おはよう……。
カチャ
………。
スピー
スピー
スピー
蘭《らん》……、
ぜったい……助《たす》けてやるからな……。
ムシャ
ムシャ
蘭《らん》のために、昨日《きのう》も遅《おそ》くまで調《しら》べものしてたからな……。
寝《ね》かしておいてやるか……。

F4-1

カチャ
工藤《くどう》くん。
灰原《はいばら》、どうした？
ヒョイ
話《はなし》があるんだけど……。
あのー、
こちら、毛利探偵事務所《もうりたんていじむしょ》でしょうか？
名探偵《めいたんてい》毛利小五郎《もうりこごろう》さんにたのみたいことがありまして……。
ペンションオーナー
町野祥太《まちのじょうた》
はい。
スピー
スピー
………
えーと……。
工藤《くどう》くん、話《はなし》……。
あっ。
わりー、あとでな。

F4-2

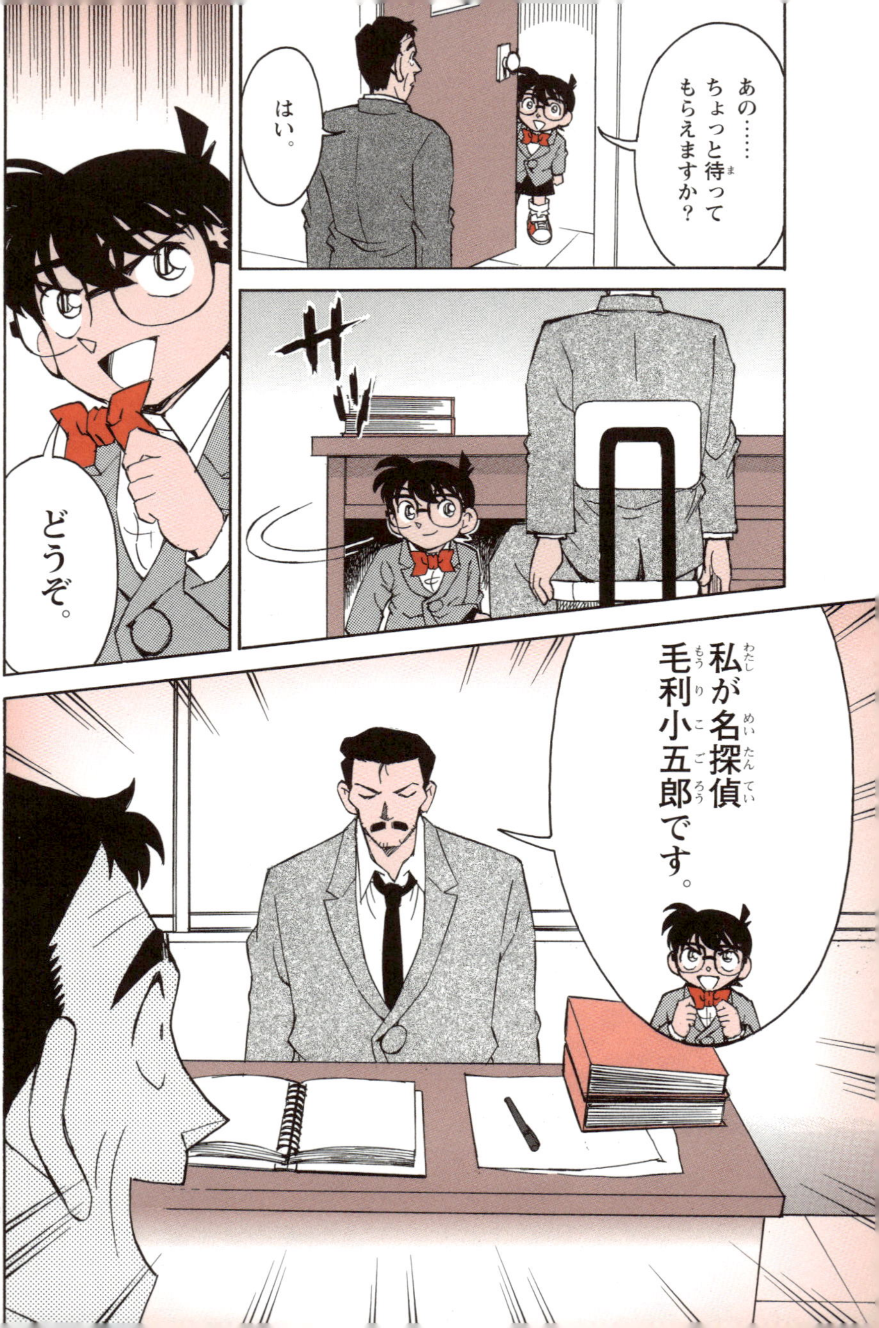
あの……ちょっと待《ま》ってもらえますか？
はい。
サッ
どうぞ。
私《わたし》が名探偵《めいたんてい》毛利小五郎《もうりこごろう》です。

F4-3

ブロロー
もうすぐ私《わたし》のペンションですから……。
……。
今回《こんかい》は、灰原《はいばら》のお手並《てな》み拝見《はいけん》といくか……。
なるほど、わかりました。

私《わたし》が解決《かいけつ》しましょう。
本当《ほんとう》ですか!?
ただし、私《わたし》は今《いま》……
たくさんの事件《じけん》をかかえていて、ここを離《はな》れるわけにはいきません。だから、私《わたし》の助手を現場《げんば》に向《む》かわせます。
その助手《じょしゅ》に、私《わたし》が携帯電話《けいたいでんわ》で指示《しじ》を出《だ》すのです！
おっちゃんも蘭《らん》の事件《じけん》でつかれてるだろうから、ここはおれが助《たす》けてやらないと……。
まだ小《ちい》さいですが、優《ゆう》しゅうな助手《じょしゅ》です。

F4-5

助手《じょしゅ》？
この子《こ》がですか？
え……ええ、私《わたし》です。
本当《ほんとう》はおれが出《で》ていくつもりだったけど……、灰原《はいばら》がうまく話《はなし》を合《あ》わせてくれたか……。
……。しかし……。
携帯電話《けいたいでんわ》で指示《しじ》するなんて……、そんなことできるのですか？
私《わたし》は名探偵《めいたんてい》毛利小五郎《もうりこごろう》です。現場《げんば》から離《はな》れての推理《すいり》もお手《て》のものです。
……。そうですね、毛利《もうり》さんなら——。
よろしくお願《ねが》いします。

着《つ》きました。
キィ

警察《けいさつ》は不注意《ふちゅうい》からの出火《しゅっか》だと決《き》めつけてますが……、
そんなはずないんです!
当日《とうじつ》は宿泊客《しゅくはくきゃく》もいませんでしたし、いつも火《ひ》の元《もと》には気《き》をつけています。
きっとだれかが火《ひ》をつけたにちがいないんです!!
——ということなんですが、毛利探偵《もうりたんてい》……。
はい……はい、わかりました。このまま切《き》らずに行動《こうどう》します。
演技《えんぎ》しちゃって、ま——。
じゃあまず、ペンションの周《まわ》りを案内《あんない》してください。
はい。

F4-8

F4-9

町野《まちの》さん……
ここ数日《すうじつ》、雨《あめ》は降《ふ》ってないし
消防車《しょうぼうしゃ》の放水《ほうすい》もここまでは届《とど》きませんよね？
はい。
なのに、ここには大《おお》きな水《みず》たまりがあります。
そうですね……、どうして水《みず》たまりができたんでしょう？

F4-10

ところで……、火《ひ》の手《て》が上《あ》がったのはちょうどお昼《ひる》くらいじゃなかったですか？
はい。私《わたし》が町《まち》へ買《か》い物《もの》に出《で》た間《あいだ》でしたから……。
やっぱり。
やっぱりって、どういうことだ？
今《いま》――、
ちょうど正午《しょうご》になるところ……。
わかりました……毛利探偵《もうりたんてい》。実験《じっけん》してみます！
実験《じっけん》？

F4-11

ここに虫《むし》メガネと風船《ふうせん》があります。
風船《ふうせん》なんていつ用意《ようい》したんだ？
風船《ふうせん》には、油性《ゆせい》ペンで黒《くろ》い点《てん》を描《か》いておきます。
キュキュッ
F4-12
その黒点《こくてん》に――、太陽《たいよう》の光《ひかり》を集《あつ》めると……。

パンッ
わっ！風船《ふうせん》が割《わ》れた!!
犯人《はんにん》は、これと同《おな》じトリックを使《つか》って放火《ほうか》したんです。
この場所《ばしょ》には1日《にち》に1回《かい》、昼《ひる》12時《じ》くらいにだけ日《ひ》が当《あ》たる……。

F4-13

その時間《じかん》に合《あ》わせて ペンションの南側《みなみがわ》の この場所《ばしょ》に、
巨大《きょだい》なレンズを 置《お》いて、太陽《たいよう》の光《ひかり》を 集《あつ》めたとしたら……。
そうか！
レンズで太陽《たいよう》の熱《ねつ》を 集《あつ》めて、風船《ふうせん》を割《わ》った のと同《おな》じように……、
放火《ほうか》した 犯人《はんにん》は、
太陽《たいよう》の熱《ねつ》を利用《りよう》して ペンションに火《ひ》を つけたんですね！
きょろ
きょろ
でも、巨大《きょだい》なレンズ なんてどこに？

F4-14

この水《みず》たまりが巨大《きょだい》レンズです。
ドンッ
ええ!?
犯人《はんにん》は巨大《きょだい》レンズを氷《こおり》で作《つく》ったんです。
そして、氷《こおり》のレンズが溶《と》けて水《みず》たまりができた──。
犯人《はんにん》は証拠《しょうこ》を隠《いん》ぺいできると思《おも》ったんでしょうけど、
逆《ぎゃく》に証拠《しょうこ》を残《のこ》してしまったんです。
ここは正午《しょうご》しか日《ひ》が当《あ》たらないから、水《みず》がかわかなかったのか。

F4-16

この男《おとこ》は!!
私《わたし》が先日《せんじつ》クビにしたシェフ!!
このシェフ……氷《こおり》の彫刻《ちょうこく》が得意《とくい》じゃなかったですか？
はい……確《たし》か、氷《こおり》の彫刻《ちょうこく》コンテストで優勝《ゆうしょう》したことがありました。
でも、料理《りょうり》のうでは全然《ぜんぜん》で、だからクビに……。
その彫刻《ちょうこく》のうでを使《つか》って、氷《こおり》のレンズを作《つく》ったんでしょうね。
クビにされたのをうらんで、放火《ほうか》したのか……。

F4-17

いや、すばらしい！みごと携帯電話《けいたいでんわ》だけで推理《すいり》を！
さすが名探偵《めいたんてい》!!
電話《でんわ》、替《か》わってください。ぜひ直接《ちょくせつ》お礼《れい》を！
え！
いや……それは……。
あっ……、切《き》れちゃいました！
……なんか急《きゅう》に電波《でんぱ》が……。
そうですか。ではまたあらためてお礼《れい》を——。
……。
ともかく、ありがとうございました。
今回《こんかい》はおれ、いいところなしか……。

F4-18

毛利探偵事務所
毛利探偵
毛利探偵事務所
スピー
スピー
スピー
……
おっちゃん、まだ寝《ね》てるのかよ……。
……。
スピー
スピー
犯人《はんにん》も自首《じしゅ》して一件落着《いっけんらくちゃく》。
探偵《たんてい》って仕事《しごと》、どんなものかと思《おも》ってやってみたけど、かんたんよね。
やるねー、名探偵《めいたんてい》さん。
かんたんときたか………。
ちょっと調子《ちょうし》に乗《の》せすぎちまったかな……。
そういえばおれに話《はなし》があったんじゃ？
うん、ちょっと気《き》になることを思《おも》い出《だ》したの……。
気《き》になること？

F4-19

蘭《らん》さんがさらわれたとき……、
あたりを気《き》にするあやしい動《うご》きをしていた男《おとこ》たちを見《み》たの……。
その男《おとこ》たち──、全身黒《ぜんしんくろ》ずくめだったわ……。
なにぃ!!
まさか、
赤《あか》メガネのバックには黒《くろ》ずくめの組織《そしき》がいるのか!?

F4-20

コナンと実験！

虫《むし》メガネで風《ふう》船《せん》が割《わ》れる!?

灰原《はいばら》のように、虫《むし》メガネで太陽《たいよう》の光《ひかり》を集《あつ》めて風船《ふうせん》を割《わ》ってみよう！

用意《ようい》するもの

虫《むし》メガネ

油性《ゆせい》ペン（黒《くろ》）

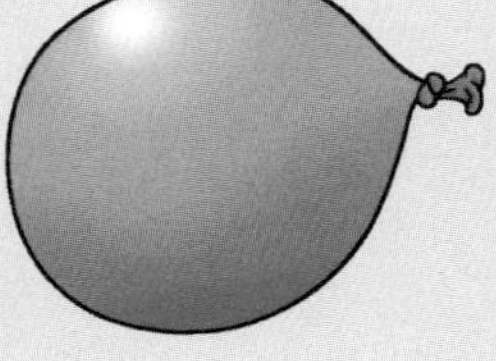

風船《ふうせん》

① 油性《ゆせい》ペンで風船《ふうせん》に黒《くろ》い丸《まる》を描《か》こう

この実験《じっけん》は、天気《てんき》が良《よ》く、日差《ひざ》しが強《つよ》い午後《ごご》などにやろう。

まず風船《ふうせん》を大《おお》きくふくらまそう。そうしたら、その風船《ふうせん》の横《よこ》の方《ほう》に、黒《くろ》い油性《ゆせい》ペンを使《つか》って丸《まる》を描《か》いてみよう。じつは、黒《くろ》い色《いろ》には、太陽《たいよう》の光《ひかり》と熱《ねつ》を吸収《きゅうしゅう》する働《はたら》きがある。だから、こうして黒《くろ》い丸《まる》を描《か》いておくことで、風船《ふうせん》が割《わ》れやすくなるんだよ。

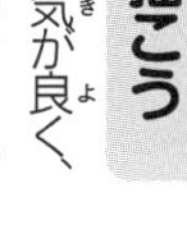

この実験《じっけん》をするときは、虫《むし》メガネで直接《ちょくせつ》太陽《たいよう》を見《み》ないように注《ちゅう》意《い》しよう！

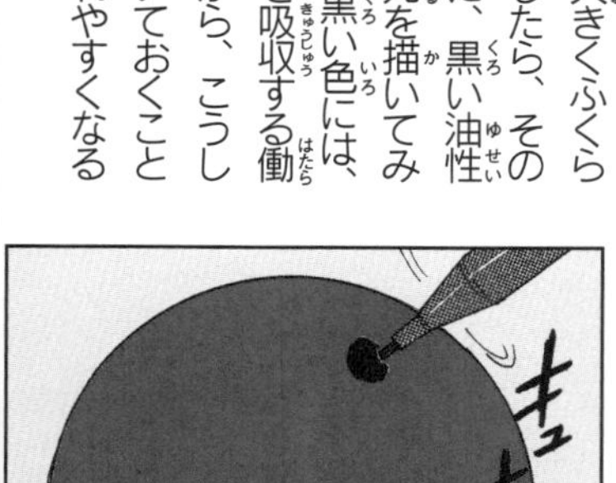

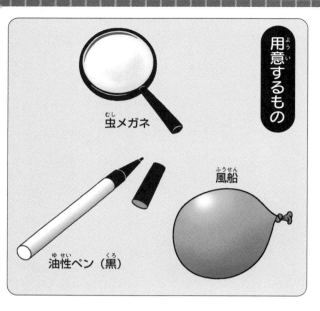

②虫《むし》メガネで太陽《たいよう》の光《ひかり》を集《あつ》めてみよう

風船《ふうせん》を片手《かたて》に持《も》ち、もう一方《いっぽう》の手《て》に虫《むし》メガネを持《も》とう。そうしたら、虫《むし》メガネで太陽《たいよう》の光《ひかり》を集《あつ》めて、風船《ふうせん》に描《か》いた黒《くろ》い丸《まる》に焦点《しょうてん》がくるように調節《ちょうせつ》しよう。うまくできないときは、風船《ふうせん》を友《とも》だちに持《も》ってもらうといいよ。

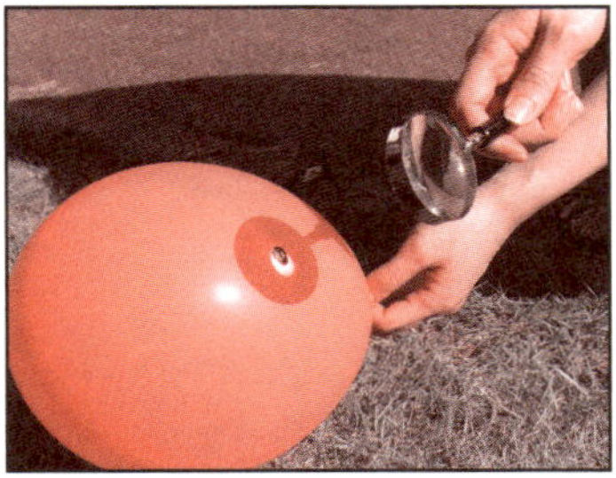

③太陽光線《たいようこうせん》が焦点《しょうてん》に集《あつ》まると!?

じょうずに焦点《しょうてん》までの距離《きょり》を調節《ちょうせつ》し、黒《くろ》い丸《まる》に太陽光《たいようこう》が集《あつ》まると、いっしゅんで風船《ふうせん》が割《わ》れるよ。
実験《じっけん》が成功《せいこう》したら、今《こん》度《ど》は黒《くろ》い丸《まる》を描《か》く位置《いち》を変《か》えて、同《おな》じように太陽《たいよう》光《こう》を集《あつ》めてみたらどうなるか、試《ため》してみよう。

風船《ふうせん》のゴムが一番厚《いちばんあつ》いヘソにも黒《くろ》い丸《まる》を描《か》いて、試《ため》してみてね。
しぼんでくだけだ……。
ゴムが厚《あつ》いからですよ。

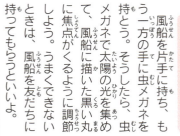

キミも実験《じっけん》!

レンズとビー玉《だま》の不思議《ふしぎ》な世界《せかい》

透明《とうめい》なビー玉《だま》をプリズムのように使《つか》って、きれいな丸《まる》いにじを作《つく》ってみよう!

用意《ようい》するもの

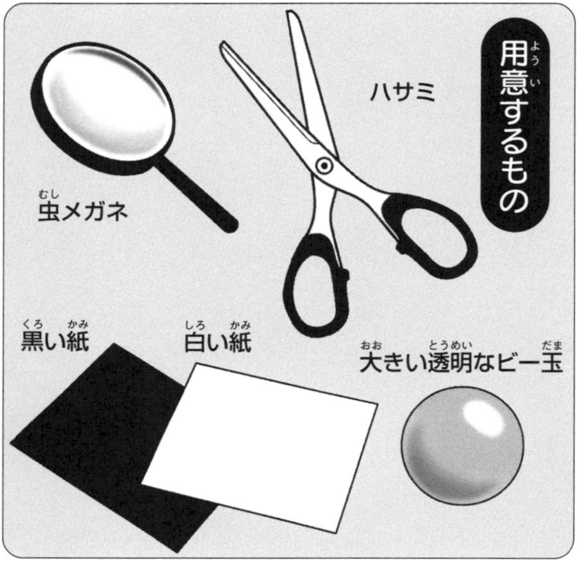

① 黒《くろ》い紙《かみ》の真《ま》ん中《なか》に丸《まる》い穴《あな》を開《あ》けよう

黒《くろ》い紙《かみ》の真《ま》ん中《なか》に、えんぴつで虫《むし》メガネと同《おな》じ大《おお》きさの円《えん》を描《か》こう。その円《えん》の中心《ちゅうしん》を山折《やまお》りにして、円《えん》よりも小《ちい》さめに、ハサミで丸《まる》い穴《あな》を開《あ》けよう。

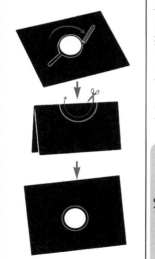

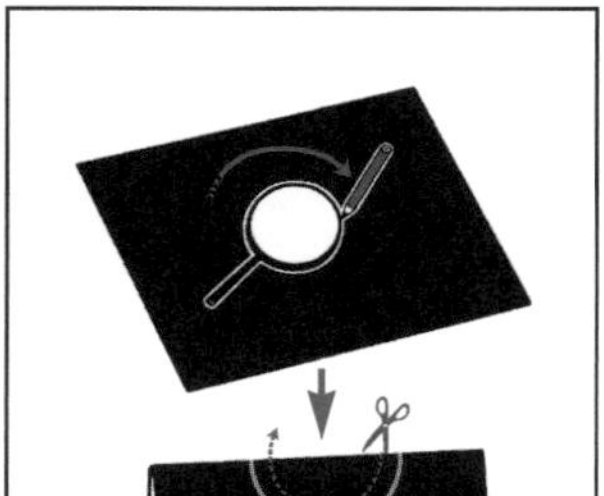

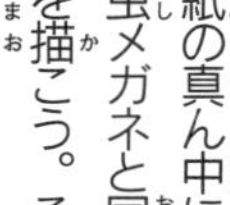

ハサミを使《つか》うときは、ケガをしないよう注意《ちゅうい》しよう!

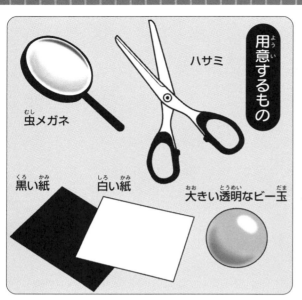

② 日当《ひあ》たりのよい地面《じめん》に白《しろ》い紙《かみ》を広《ひろ》げよう

この実験《じっけん》は、二人《ふたり》で協力《きょうりょく》してやろう。まず、日当《ひあ》たりのよい地面《じめん》に白《しろ》い紙《かみ》を広《ひろ》げるんだ。そして、一緒《いっしょ》に実験《じっけん》をしてもらう人《ひと》に、白《しろ》い紙《かみ》の上《うえ》でビー玉《だま》を持《も》っていてもらおう。

③ 白《しろ》い紙《かみ》の上《うえ》に黒《くろ》い紙《かみ》を広《ひろ》げて影《かげ》を作《つく》ろう

白《しろ》い紙《かみ》の上《うえ》に、丸《まる》い穴《あな》を開《あ》けておいた黒《くろ》い紙《かみ》を広《ひろ》げよう。黒《くろ》い紙《かみ》の影《かげ》が、白《しろ》い紙《かみ》にかさなるようにするんだよ。そして、黒《くろ》い紙《かみ》の丸《まる》い穴《あな》の下《した》に、虫《むし》メガネを当《あ》ててみよう。

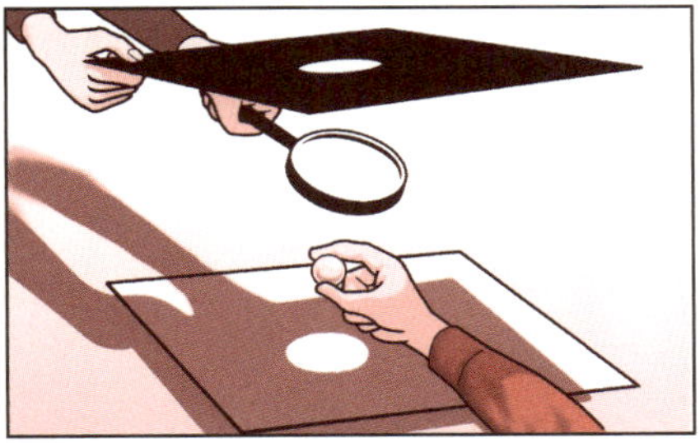

④ 虫《むし》メガネで、太陽《たいよう》の光《ひかり》をビー玉《だま》に集《あつ》めよう

黒《くろ》い紙《かみ》の丸《まる》い穴《あな》を通《とお》して入《はい》ってくる太陽《たいよう》の光《ひかり》が、ビー玉《だま》に集《あつ》まるように、虫《むし》メガネとビー玉《だま》の位置《いち》をいろいろと変《か》えて試《ため》してみよう。2《ふた》つの位置《いち》がぴったり合《あ》うと、白《しろ》い紙《かみ》の上《うえ》に、とてもきれいな丸《まる》いにじができるよ。

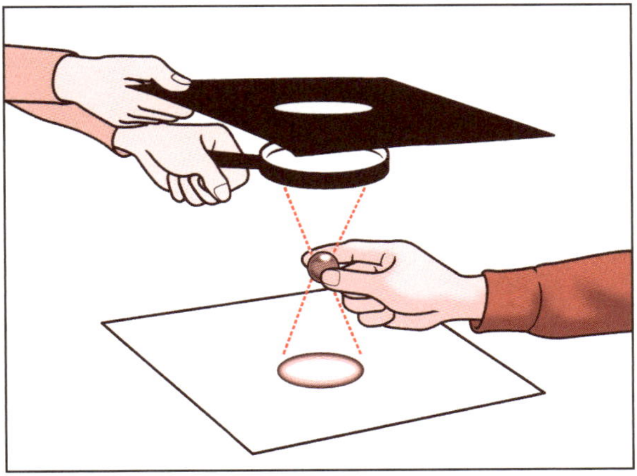

虫《むし》メガネで集《あつ》めた太陽光《たいようこう》で、紙《かみ》が燃《も》えないように注意《ちゅうい》！　それと、レンズやビー玉《だま》で太陽《たいよう》の光《ひかり》を直接《ちょくせつ》見《み》ないように気《き》をつけよう！

FILE《ファイル》 5

事件《じけん》のかげに黒《くろ》ずくめの男《おとこ》!?

いろいろなレンズ大集合《だいしゅうごう》!!

放火事件《ほうかじけん》をみごと解決《かいけつ》したコナンと灰原《はいばら》だが、暗号文《あんごうぶん》の謎《なぞ》はいまだ解《と》けず……。
そこへやってきた歩美《あゆみ》たちが手《て》にしていたものは!?

毛利探偵事務所
黒《くろ》ずくめの男《おとこ》たちが蘭《らん》をゆうかいしたなんて……。
まさかおれたちのことがばれたんじゃ……。
……。

F5-1

工藤《くどう》くん、窓《まど》の外《そと》見《み》て!!
本当《ほんとう》に私《わたし》たちのことがばれたのかも……。
窓《まど》の外《そと》?
!!
見張《みは》られている……。
万事《ばんじ》きゅうすか……。

ガチャ
こんにちは！
おっす、コナン！
なんだ〜、おまえらかよ。
びっくりさせんなよ。
おまえらかよって、なんですか――!!
ブーブー
ひど〜い
まーまー、おちついて……。
F5-3

それより
コナンくん、2人《ふたり》で何《なに》してたんですか？
え？
2人《ふたり》でって？
まさか……。
ちょっ、ちょっと待《ま》て。
おれたち、別《べつ》にそんなあやしいことしてねーよ！
なー、灰原《はいばら》。
……。
あやしいことって何《なに》？
え……いや、え～と……。

F5-4

2人《ふたり》だけで赤《あか》メガネの暗号《あんごう》を——、
解読《かいどく》しようとしてたんじゃねーのか!?
ははは、
そっちか……。
そっちって、どっちよ。
そんなことより
おまえら、何《なに》か用《よう》なのか？
おほん
F5-5
みんなで飲《の》もうと思《おも》ってジュース買《か》ってきたんだ。
……ジュース？

まーまー、いいからいいから。
えんりょすんなって。
今《いま》……それどころじゃ……。
灰原《はいばら》さんもどーぞ。
かんぱーいっ。
ぷはー、おいしかったー。
げぷっ
元太《げんた》くん、きたない！
——で？ただジュース飲《の》みにきたわけじゃねーんだろ？
F5-6
うん、じつは——空《から》のペットボトルが必要《ひつよう》だったの!!

さっき博士《はかせ》から、新《あたら》しいレンズの実験《じっけん》を教《おし》えてもらったんですよ。
このレンズを使《つか》うと暗号《あんごう》が解読《かいどく》できるかもしれんぞ……。
それが空《から》のペットボトルなのか？
くすっ
私《わたし》はわかったわよ。コナンくん、わからないの？
………。
それじゃ、実験《じっけん》スタート!!

F5-7

まず、空《から》のペットボトルに水《みず》を入《い》れます。
次《つぎ》に紙《かみ》に――、
なんでもいいんだけど、文字《もじ》を書《か》きます。
たての文字《もじ》と横《よこ》の文字《もじ》を書《か》くんだ。
コナン
コナン
F5-8
その紙《かみ》の前《まえ》にペットボトルをたてに置《お》くと――。
コ
コナン

ジャ～ンッ
ほら!!
文字《もじ》が左右《さゆう》逆《ぎゃく》になるんです!!
F5-9
さらに横《よこ》にして、
横《よこ》の文字《もじ》を見《み》ると——、
コナン
バーンッ
上下《じょうげ》が逆《ぎゃく》になるんだぞ!

シリンドリカルレンズとは?

表面《ひょうめん》が球形《きゅうけい》の凸《とつ》レンズなどと異《こと》なり、表面《ひょうめん》が円柱状《えんちゅうじょう》のレンズのことをシリンドリカルレンズという。たてや横《よこ》など、ある一方向《いちほうこう》にだけ光《ひかり》を屈《くっ》折《せつ》させるんだ。ほかにも薄《うす》いプラスチック板《ばん》に溝《みぞ》を刻《きざ》んだだけの、フレネルレンズというレンズもあるよ。

このレンズでもダメだ……。
残念《ざんねん》ですね……。
ちょっとこれ借《か》りるね。
たたっ
ほら、みんな見《み》て！外《そと》の景色《けしき》が逆《ぎゃく》になるのよ！
歩美《あゆみ》っ!!
窓《まど》の外《そと》には黒《くろ》ずくめの……。

F5-11

え？
外《そと》？
黒《くろ》？
つるっ
あっ。
おいおい、
何《なに》やってんだっ。
ダッ
！
黒《くろ》ずくめの男《おとこ》に
ペットボトルが
当《あ》たったのか！

F5-12

タッ
!!
この男《おとこ》は！
ごめんなさい……。あたし……どうしよう……。
だいじょうぶですか？その人《ひと》……。
だいじょうぶ！気絶《きぜつ》はしてるけどタンコブができる程度《ていど》のケガみたいだよ。
ほっ。
念《ねん》のため救急車《きゅうきゅうしゃ》を呼《よ》ぼう。
そうですね。
……。
灰原《はいばら》、心配《しんぱい》いらないぜ。

F5-13

この男《おとこ》は黒《くろ》ずくめの組織《そしき》とは関係《かんけい》ない。
読《よ》めてきたぜ、今回《こんかい》の事件《じけん》のカラクリが!
おれの推理《すいり》が確《たし》かなら、
蘭《らん》は無事《ぶじ》なはず!
F5-14
それにしてもペットボトルって役《やく》に立《た》つな――。
こんなことにも使《つか》えるし!
いつまでねてるんだ!!
ボンッ
んがっ。

コナンと実験！

ペットボトルがレンズに!?

ペットボトルに水《みず》を満《み》たしてシリンドリカルレンズを作《つく》ろう！

用意《ようい》するもの

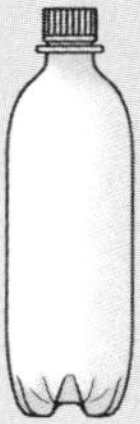

ラベルをはがしたペットボトル

ホワイトボードや黒板《こくばん》

① ペットボトルに水《みず》を入《い》れよう

まず、空《から》のペットボトルを用意《ようい》しよう。ペットボトルは2ℓくらいの大《おお》きいもの。サイダーなどの炭酸飲《たんさんいん》料《りょう》が入《はい》っているような、円《えん》筒形《とうけい》のものを使《つか》ってね。

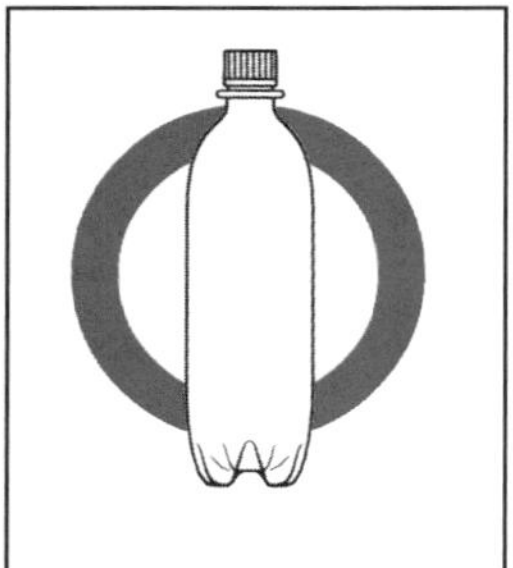

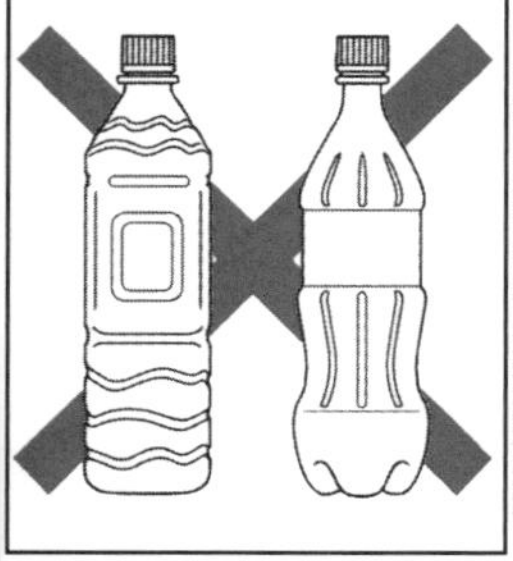

カッターなどを使《つか》って、ペットボトルのラベルをはがしたら、水道《すいどう》の水《みず》を満《まん》タンになるまで入《い》れよう。これでレンズの完成《かんせい》だ！

イラストのように、真《ま》っ直《す》ぐな円筒形《えんとうけい》のボトルを使《つか》ってね。

② 黒板《こくばん》などに大《おお》きく文字《もじ》を書《か》こう

学校《がっこう》の黒板《こくばん》やホワイトボードに、文字《もじ》や言葉《ことば》を大《おお》きく書《か》こう。ほかにも、画用紙《がようし》などに、太《ふと》めの油《ゆ》性《せい》ペンなどで文字《もじ》を書《か》いてもいいよ。

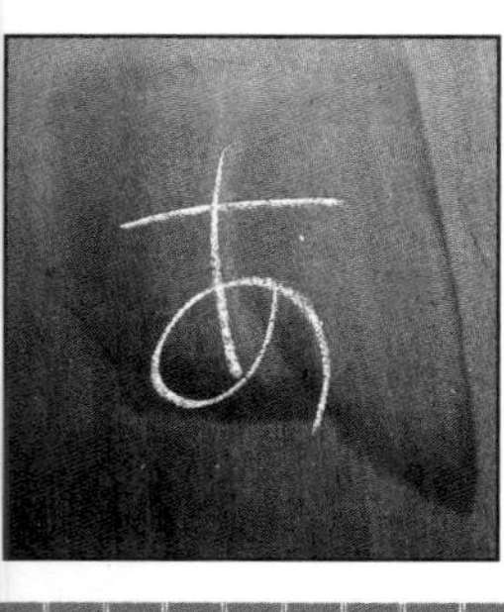

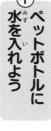

③ペットボトルを横《よこ》にして見《み》よう

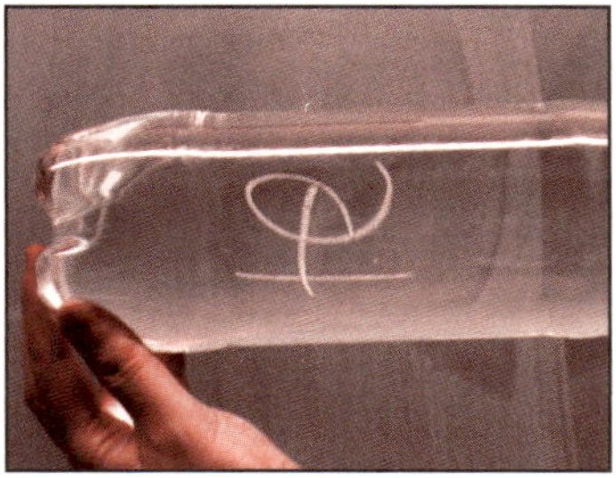

水《みず》を満《み》たしたペットボトルを水平《すいへい》に持《も》って、黒《こく》板《ばん》やホワイトボードに書《か》いた文字《もじ》を見《み》てみよう。すると、文字《もじ》の左右《さゆう》はそのままに、上下《じょうげ》だけがひっくり返《かえ》って見《み》えるはずだ。これがシリンドリカルレンズの特《とく》ちょうだよ。

④ペットボトルをたてにして見《み》よう

今度《こんど》は、水《みず》を満《み》たしたペットボトルを垂直《すいちょく》に持《も》って、黒板《こくばん》やホワイトボードの文字《もじ》を見《み》てみよう。文字《もじ》の上下《じょうげ》はそのままに、左右《さゆう》だけがひっくり返《かえ》って見《み》えるはずだ。下《した》の図《ず》のように、かい中電灯《ちゅうでんとう》を使《つか》った実験《じっけん》もやってみよう。

かい中電灯《ちゅうでんとう》に黒《くろ》い紙《かみ》の筒《つつ》をかぶせて、ペットボトルに光《ひかり》を当《あ》ててみてね。
光《ひかり》がUFO《ユーフォー》みたいに広《ひろ》がった！

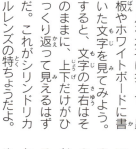

ぐぎぎぎぎぎ…
ダメだ…子供《こども》の力《ちから》じゃ持《も》ち上《あ》がらねー!…
へなっ
何《なに》か方法《ほうほう》は…?
ハア ハア
そうだ、こいつを使《つか》ってみよう!!
これは、伸縮《しんしゅく》サスペンダーといってな…
ピン
ボタン一《ひと》つでゴムが伸《の》び縮《ちぢ》みするメカじゃ!!
犯人《はんにん》を縛《しば》ったりするのに役《やく》に立《た》つぞ!!
ピン

『名探偵《めいたんてい》コナン』の不思議《ふしぎ》をガリレオ工房《こうぼう》が解明《かいめい》！

名探偵《めいたんてい》コナン VS ガリレオ工房《こうぼう》

ゴムのサスペンダーで重《おも》たい扉《とびら》を開《ひら》くことはできる!?

ボタン一《ひと》つでゴムが伸《の》び縮《ちぢ》みするメカ、伸縮《しんしゅく》サスペンダーの秘密《ひみつ》を徹底解《てっていかい》ぼう!!

コナンが身《み》に付《つ》けている、さまざまなアイテムの秘密《ひみつ》をガリレオ工房《こうぼう》が解《と》き明《あ》かす、このコーナー。今回《こんかい》は、伸縮《しんしゅく》サスペンダーに注目《ちゅうもく》してみた。

まず、この秘密《ひみつ》の扉《とびら》だが、小学生《しょうがくせい》のコナンが持《も》ち上《あ》げられないほど重《おも》いということは、おそらく40～50kgはあるとみていいだろう。逆《ぎゃく》に、これ以上重《いじょうおも》いと、おとなでも持《も》ち上《あ》げられなくて、扉《とびら》として役《やく》に立《た》たなくなってしまうからね。

一方《いっぽう》、阿笠博士《あがさはかせ》の説明《せつめい》によると、このサスペンダーは、ボタン一《ひと》つでゴムが伸《の》び縮《ちぢ》みするという。ゴムには「温《あたた》めると縮《ちぢ》む」という性質《せいしつ》があるため、サスペンダーの中《なか》に仕《し》こんだ電熱線《でんねつせん》を、かん電池《でんち》で発熱《はつねつ》させれば、この仕《し》組《く》みは成《な》り立《た》つかもしれない。重《おも》たい扉《とびら》を持《も》ち上《あ》げることも、けっして不《ふ》可能《かのう》ではないだろう。

だが逆《ぎゃく》に、ゴムには

『名探偵《めいたんてい》コナン』
第《だい》2巻《かん》　FILE.9
『消《き》える子供達《こどもたち》』より

　オバケ屋敷《やしき》を探検《たんけん》してたら、元太《げんた》や光彦《みつひこ》がつぎつぎに消《き》えちまった！　そして、無人《むじん》のはずの洋館《ようかん》に、なぜか人《ひと》の気配《けはい》が……。謎《なぞ》の答《こた》えは、きっと、この秘密《ひみつ》の扉《とびら》の向《む》こうにあるはずだ！

「冷《ひ》やすと伸《の》びる（＝伸《の》ばすと冷《ひ》える）」という性質《せいしつ》もある。例《たと》えば、手に持《も》った輪《わ》ゴムをヒザなどの皮《ひ》ふにあてて引《ひ》っぱると、ちょっとだけ輪《わ》ゴムが冷《つめ》たくなったように感《かん》じるはずだ。これは引《ひ》っぱることにより、ゴムが冷《ひ》えたからなんだ。

　ということは、せっかく温《あたた》めて縮《ちぢ》んだゴムも、電池《でんち》が切《き》れて冷《ひ》えてしまうと、また元《もと》のように伸《の》びてしまうということだ。これでは、犯人《はんにん》を縛《しば》っておくには、ちょっと役《やく》に立《た》たないかも……。

　もしかすると、このサスペンダーはゴム製《せい》ではなく、ゴムのように伸《の》び縮《ちぢ》みする別《べつ》の素材《そざい》でできているのかもしれない。例《たと》えば、登山用《とざんよう》のザイルにも使《つか》われている、じょうぶな糸《いと》「ケプラー」をゴム編《あ》みにしたものだとしたら、どうだろう。それを、スイッチのあたりに収《おさ》めた小《ちい》さなモーターで巻《ま》き取《と》っているのだとしたら？

　みんなは、携帯電話《けいたいでんわ》の中《なか》にも小《ちい》さなモーターが入《はい》っているのを知《し》っているだろうか？　工夫《くふう》をすれば、じつは、その小《ちい》さなモーターの巻《ま》き取《と》る力《ちから》だけでも、体重《たいじゅう》が40～50kgはあるおとなの人《ひと》を持《も》ち上《あ》げることも不可能《ふかのう》ではないんだよ。

FILE《ファイル》 6

キャノンのレンズ工場《こうじょう》を見学《けんがく》せよ！

発見《はっけん》！ レンズの作《つく》り方《かた》

カメラやプリンターなどの光学機器《こうがくきき》を作《つく》っているキャノン株式会社《かぶしきがいしゃ》のレンズ工場《こうじょう》へ出《で》かけて、コナンたちとレンズの作《つく》り方《かた》を学《まな》ぼう！

バーンッ
Canon
キャノンの工場《こうじょう》が見学《けんがく》できるなんて思《おも》わなかったぜ——。ありがとな、博士《はかせ》。
F6-1
いやいや、たまたまキャノンに知《し》り合《あ》いがおったからの。問題《もんだい》なしじゃよ。

＊保護者《ほごしゃ》の方《かた》へ／キャノン（株《かぶ》）宇都宮工場《うつのみやこうじょう》は、通常《つうじょう》は一般公開《いっぱんこうかい》を行《おこな》っておりません。
＊写真《しゃしん》は、2004年取材時《ねんしゅざいじ》のものです。

じゃが新一《しんいち》……、事件《じけん》の方《ほう》はどうなっておるんじゃ？
ああ、心配《しんぱい》いらねーよ。
蘭《らん》はひとまずだいじょうぶだろうし、レンズについて調《しら》べるのも悪《わる》くねーよな。
コナンく〜ん、待《ま》ってよ〜。
はぁ
はぁ
おいていかないでくださいよー。
はー、走《はし》ったら腹《はら》へっちまったよ。
じゃ、お弁当《べんとう》にしましょーよ。
それよりおやつにしません？300円分《えんぶん》買《か》ってきましたし。
………。
今日《きょう》は遠足《えんそく》じゃなくってレンズ工場《こうじょう》見学《けんがく》だぞ！
そーだったそーだった、ごめんごめん。

じゃ、あとはよろしくな、博士《はかせ》！
うむ。
おほん
それじゃあレンズの作《つく》り方《かた》について、説明《せつめい》するぞ。
まずは、レンズの元《もと》になるプレスレンズという材料《ざいりょう》を作《つく》るんじゃ。

F6-3

材料加工工程《ざいりょうかこうこうてい》

原料《げんりょう》・調合《ちょうごう》
ゆがみのない透明《とうめい》なレンズを作《つく》るため、硅石《けいせき》など50種類《しゅるい》以上《いじょう》の原料《げんりょう》をミキサーで混《ま》ぜる。

←

溶解《ようかい》
調合《ちょうごう》されたガラス原料《げんりょう》を「るつぼ」の中《なか》に入《い》れ、高温《こうおん》で溶《と》かすと、ようやくガラスになる。

←

冷却《れいきゃく》
溶《と》けたガラスは板状《いたじょう》にのばされ、コンベヤーで運《はこ》ばれながら、じょじょに冷《ひ》やされていく。

←

品質検査《ひんしつけんさ》
冷《ひ》やされたガラスの一部《いちぶ》をブロック状《じょう》にカットして、泡《あわ》がないか、などの品質検査《ひんしつけんさ》をする。

←

成型《せいけい》・プレス
レンズを作《つく》るのに必要《ひつよう》な分量《ぶんりょう》のガラスをカットして、熱《ねっ》してやわらかくしてから型《かた》で押《お》す。

←

調整《ちょうせい》
型押《かたお》ししたガラスを500℃近《ちか》くまで熱《ねっ》してから、ゆっくり冷《さ》まして、ひずみを取《と》り除《のぞ》く。

そして
できあがったのが——、
バンッ
このプレスレンズじゃ。
これ真《ま》っ白《しろ》ですね。
なんか大《おお》きなハッカキャンディみてーだな。
ホントおいしそー。
……….。
プレスレンズを少《すこ》しずつ削《けず》っていくことでレンズができあがるんじゃよ。

F6-4

へーー、レンズは削《けず》って作《つく》るんですねー。
てっきり型《かた》ぬきして作《つく》るもんだと……。
ははは
レンズはそうかんたんにはできないんじゃよ。
削《けず》るといっても、こんなに工程《こうてい》があるんじゃ。

F6-5

レンズの加工工程《かこうこうてい》

荒摺《あらずり》 → 精研削《せいけんさく》 → 研磨《けんま》 → 検査《けんさ》 → 心取《しんとり》 → 蒸着《じょうちゃく》

荒摺《あらずり》
カップ型《がた》のダイヤモンド砥石《といし》で、プレスレンズの表面《ひょうめん》を定《さだ》められた寸法《すんぽう》の曲面《きょくめん》に整《ととの》える。

精研削《せいけんさく》
荒摺《あらずり》が完《かん》りょうしたレンズを、今度《こんど》はダイヤモンドペレット皿《ざら》でさらに磨《みが》く。

研磨《けんま》
研磨液《けんまえき》をかけながら磨《みが》くことで、レンズの表《ひょう》面《めん》を透明《とうめい》にし、正確《せいかく》な曲面《きょくめん》に仕上《しあ》げる。

検査《けんさ》
レンズをまず人《ひと》の目《め》で、次《つぎ》にレーザー光線《こうせん》を用《もち》いて検査《けんさ》して、レンズ面《めん》の精度《せいど》を測定《そくてい》する。

心取《しんとり》
レンズを通《とお》る光《ひかり》の「光軸《こうじく》」とレンズの中心《ちゅうしん》が同《おな》じ位置《いち》になるように、レンズ外周《がいしゅう》を削《けず》る。

蒸着《じょうちゃく》
蒸発《じょうはつ》させたコーティング剤《ざい》で、レンズの表面《ひょうめん》に反射防止《はんしゃぼうし》などの働《はたら》きを持《も》つ薄《うす》いまくを作《つく》る。

まずは、最初《さいしょ》の削《けず》り――。
荒《あら》摺《ずり》！
そしてこれが荒摺《あらずり》をする高速研削機《こうそくけんさくき》じゃ。
へー、でっかい機械《きかい》だなー。
これがダイヤモンドでできたカップ型《がた》の砥石《といし》で、
ここにプレスレンズをつけて――、
高速回転《こうそくかいてん》してプレスレンズの表面《ひょうめん》を削《けず》るんじゃ。
この砥石《といし》で削《けず》るんだよ！
F6-6
そしてできるのがこれじゃ！
わっ、レンズの形《かたち》になってきた！

次《つぎ》は——、
もっと細《こま》かく削《けず》る——
精研削《せいけんさく》じゃ！
これにはダイヤモンドペレット皿《ざら》を使《つか》うんじゃぞ。
これがダイヤモンドペレット皿《ざら》じゃ。
丸《まる》い砥石《といし》がたくさんついているのね！
そしてこれが、ダイヤモンドペレット皿《ざら》を使《つか》って行《おこな》う精研削《せいけんさく》の様子《ようす》じゃ。
この中《なか》にレンズがセットされてるんだね！
F6-7
さっきよりもっときれいになってきたぞ！

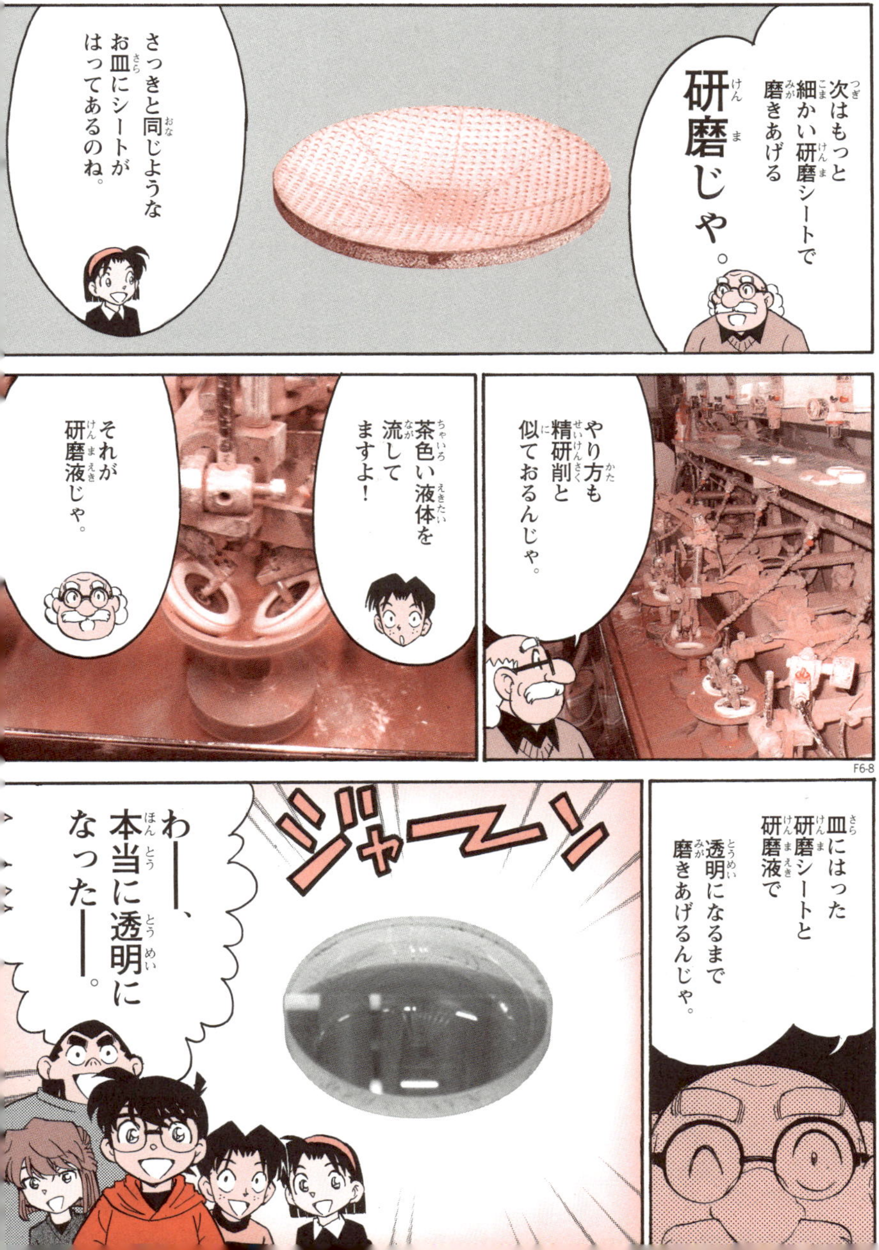
次《つぎ》はもっと
細《こま》かい研磨《けんま》シートで
磨《みが》きあげる
研磨《けんま》じゃ。
さっきと同《おな》じような
お皿《さら》にシートが
はってあるのね。
やり方《かた》も
精研削《せいけんさく》と
似《に》ておるんじゃ。
茶色《ちゃいろ》い液体《えきたい》を
流《なが》して
ますよ！
それが
研磨液《けんまえき》じゃ。
皿《さら》にはった
研磨《けんま》シートと
研磨液《けんまえき》で
透明《とうめい》になるまで
磨《みが》きあげるんじゃ。
ジャーン
わ――、
本当《ほんとう》に透明《とうめい》に
なった――。
F6-8

そしてできあがったレンズは洗浄《せんじょう》され、検査《けんさ》にまわされるんじゃ。
これが洗浄《せんじょう》してるところじゃぞ。
たくさんのレンズが順番《じゅんばん》に薬《くすり》につかってますね。
F6-9
まずは人間《にんげん》の目《め》で検査《けんさ》——。
さらにレーザー光線《こうせん》でも検査《けんさ》するんじゃ。
レーザー光線《こうせん》!? なんか、かっこいい!!
レーザーを当《あ》ててうかびあがる線《せん》によって形状《けいじょう》を検査《けんさ》するんじゃ。
しましまだわ——。
線《せん》や円《えん》の形《かたち》とか幅《はば》によって判定《はんてい》するんだね。

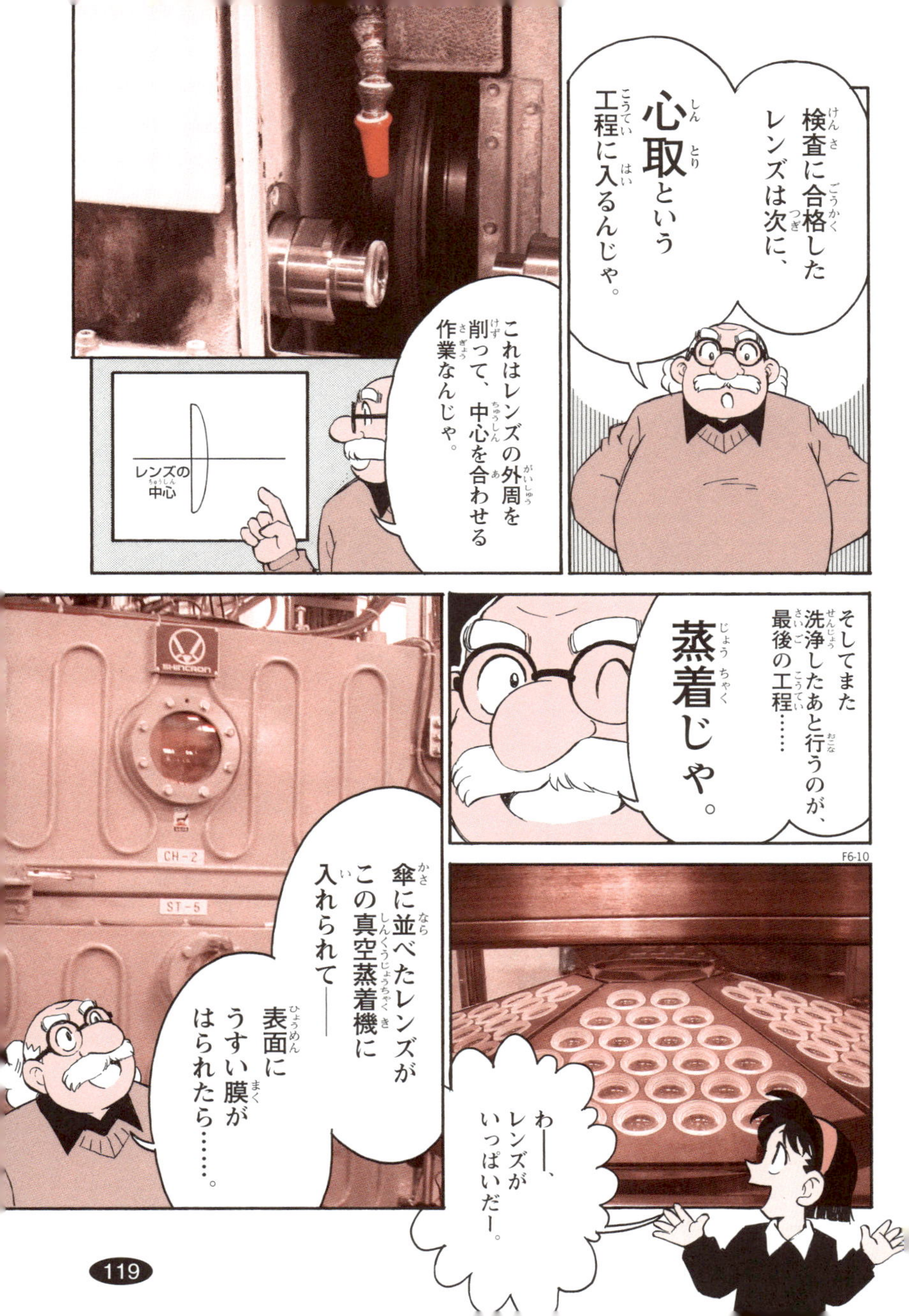
検査《けんさ》に合格《ごうかく》したレンズは次《つぎ》に、心取《しんとり》という工程《こうてい》に入《はい》るんじゃ。
これはレンズの外周《がいしゅう》を削《けず》って、中心《ちゅうしん》を合《あ》わせる作業《さぎょう》なんじゃ。
レンズの中心《ちゅうしん》
そしてまた洗浄《せんじょう》したあと行《おこな》うのが、最後《さいご》の工程《こうてい》……
蒸着《じょうちゃく》じゃ。
SHINCRON
CH-2
ST-5
傘《かさ》に並《なら》べたレンズがこの真空蒸着機《しんくうじょうちゃくき》に入《い》れられて――
表面《ひょうめん》にうすい膜《まく》がはられたら……。
F6-10
わ――、レンズがいっぱいだー。

ついにレンズの完成《かんせい》じゃ!!
バーンッ
やった〜〜〜!!
レンズってこんなに手間《てま》をかけて作《つく》ってるのねー。
おどろきですよー。
アメ玉《だま》みたいなのが、こんなキレイになるんだなー。
おれも知《し》らなかったぜ!
F6-11
キヤノン宇都宮工場《うつのみやこうじょう》では、カメラレンズの組《く》み立《た》てもしておるんじゃよ。
ホントだー、組《く》み立《た》ててるー。

へーー、カメラってレンズが何枚《なんまい》も中《なか》に入《はい》ってるのね！
わーー、本当《ほんとう》だ!!
F6-12
カメラのレンズって一枚《いちまい》だけかと思《おも》ってたぜー。
2人《ふたり》とも……。
前《まえ》にも言《い》ったけど、カメラには2枚以上《まいいじょう》のレンズが使《つか》われているのよーー。
!!
2枚以上《まいいじょう》のレンズ!!
サンキュー！灰原《はいばら》のおかげでひらめいたぜ。
え？
暗号《あんごう》と一緒《いっしょ》に残《のこ》されてたレンズが2つってのがカギかもな……。
べいお かし　べい おか
あ な ほーる　あ な ほー
けか いさつ　け かいさつ
こうり こう　こう りこう
3つら の　3つ らの
まんじ なか　まん じなか
にじ こい　に じこい

宇宙《うちゅう》で一番大《いちばんおお》きなレンズ

この宇宙《うちゅう》で一番大《いちばんおお》きなレンズって何《なん》だろう？ その答《こた》えは、じつは……。

©Andrew Fruchter（STScI）et al., WFPC2, HST, NASA

キミは、この宇宙《うちゅう》で一番大《いちばんおお》きなレンズが何《なに》か知《し》っているかな？ その答《こた》えは、広大《こうだい》な宇宙空間《うちゅうくうかん》にある「重力《じゅうりょく》レンズ」というものだ。

この「重力《じゅうりょく》レンズ」については、有名《ゆうめい》な科学者《かがくしゃ》であるアインシュタイン博士《はかせ》が1916年《ねん》に発表《はっぴょう》した「一般相対性理論《いっぱんそうたいせいりろん》」の中《なか》に書《か》かれていた。アインシュタイン博士《はかせ》は、巨大《きょだい》な質量《しつりょう》を持《も》つ物体《ぶったい》の周《まわ》りでは、その重力《じゅうりょく》のために空間《くうかん》がゆがめられる、と考《かんが》えたんだ。そして、その空間《くうかん》を光《ひかり》が通《とお》るときは、ゆがみにそって最短距離《さいたんきょり》を進《すす》むため、結果《けっか》として光《ひかり》が曲《ま》げられることになる。この「重力《じゅうりょく》が光《ひかり》を曲《ま》げる」という働《はたら》きが、レンズと同《おな》じ役目《やくめ》を果《は》たしているため、この現象《げんしょう》を「重力《じゅうりょく》レンズ」と呼《よ》ぶようになったんだ。

上《うえ》の写真《しゃしん》は、エイベル2218という銀河団《ぎんがだん》の重力《じゅうりょく》アメリカのNASA《ナサ》のハッブル宇宙望遠鏡《うちゅうぼうえんきょう》がさつえいした重力《じゅうりょく》レンズ像《ぞう》。明《あか》るく見《み》えているのが、エイベル2218という銀河団《ぎんがだん》。地球《ちきゅう》から、およそ20億光年《おくこうねん》の距離《きょり》にある。その周辺《しゅうへん》のリング状《じょう》の光《ひかり》は、銀河団《ぎんがだん》の5〜10倍《ばい》も遠《とお》くにある銀河《ぎんが》の光《ひかり》だ。地球《ちきゅう》からは見《み》えないはずの天体《てんたい》の光《ひかり》が、なぜリング状《じょう》に見《み》えるのかは下《した》の説明《せつめい》を読《よ》んでね。

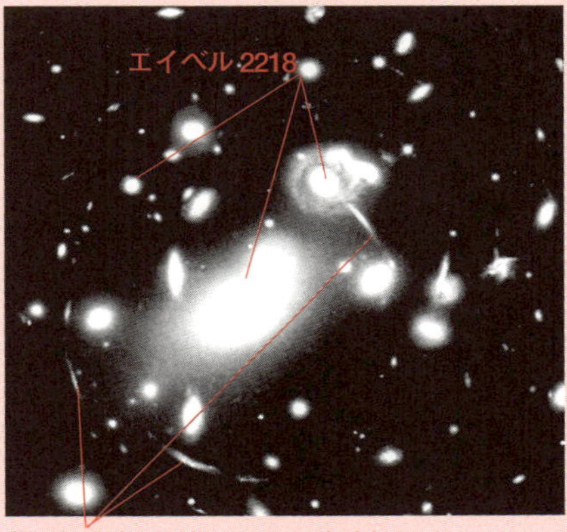

遠《とお》くの天体《てんたい》の光《ひかり》のリング。写真《しゃしん》では、わかりやすいように省略《しょうりゃく》しているけど、赤《あか》い線《せん》をつけたもの以外《いがい》にも、銀河《ぎんが》やリングが写《うつ》っているよ。

重力《じゅうりょく》レンズの仕組《しく》み

囲《かこ》みの中《なか》のイラストのように、目《め》とリンゴの間《あいだ》にお盆《ぼん》があると、リンゴを直接《ちょくせつ》見《み》ることができない。でも……下《した》の図《ず》では、エイベル2218が重力《じゅうりょく》レンズの役割《やくわり》をはたしているため、遠《とお》くの天体《てんたい》の姿《すがた》が、地球《ちきゅう》からはリング状《じょう》になって見《み》えている！

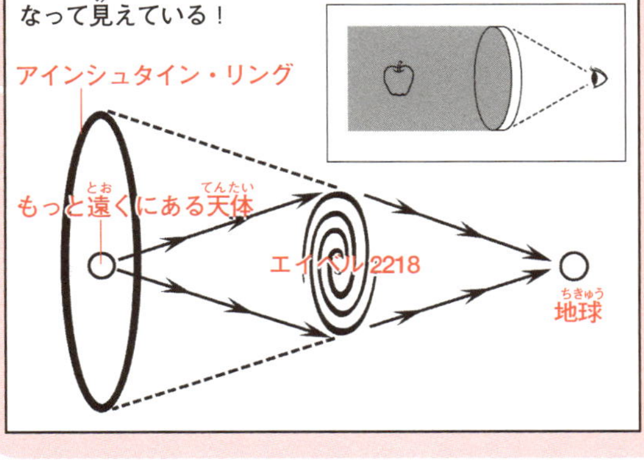

場《ば》によってできた重力《じゅうりょく》レンズ像《ぞう》を写《うつ》したもの。本来《ほんらい》なら、銀河団《ぎんがだん》そのものによってかくされて、地球《ちきゅう》からでは見《み》えないはずの、銀河団《ぎんがだん》の後《うし》ろにある天体《てんたい》が、リング状《じょう》の光《ひかり》となってクモの巣《す》のように見《み》えている。このようなリング状《じょう》の重力《じゅうりょく》レンズ像《ぞう》をさして、「アインシュタイン・リング」と呼《よ》んでいるんだよ。

FILE ファイル 7

2つのレンズで見《み》えるものは……!?

2つのレンズを組《く》み合《あ》わせてみよう!!

レンズ工場《こうじょう》へ見学《けんがく》に行《い》ったことで、暗号解読《あんごうかいどく》のヒントをつかんだコナン。そこへ、灰原《はいばら》が〝ある実験《じっけん》〟の提案《ていあん》を……!?

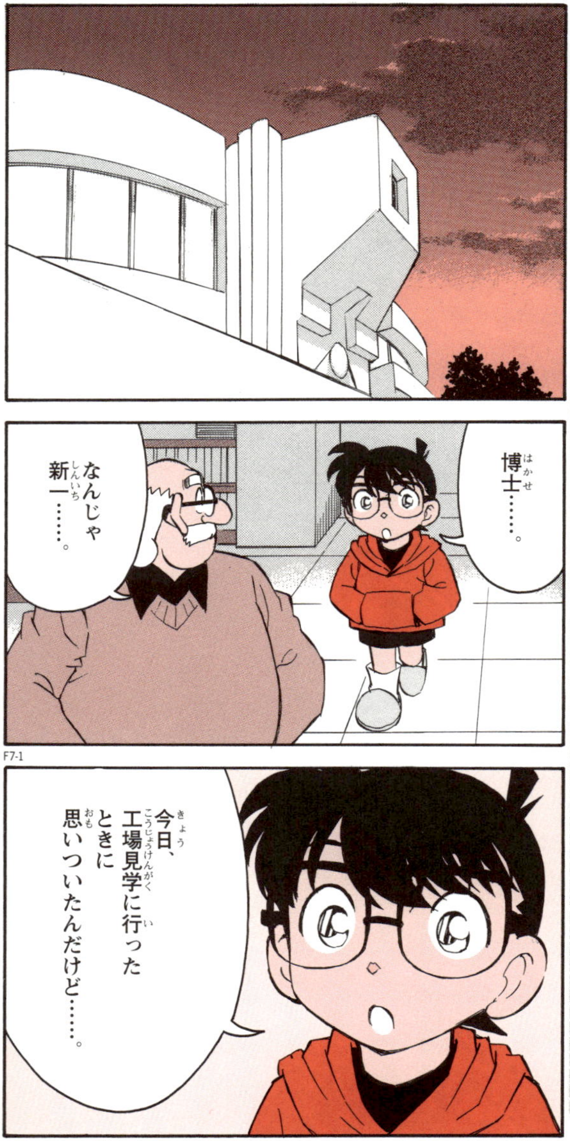
博士《はかせ》……。
なんじゃ新一《しんいち》……。
今日《きょう》、工場見学《こうじょうけんがく》に行《い》ったときに思《おも》いついたんだけど……。

F7-1

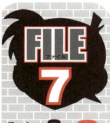

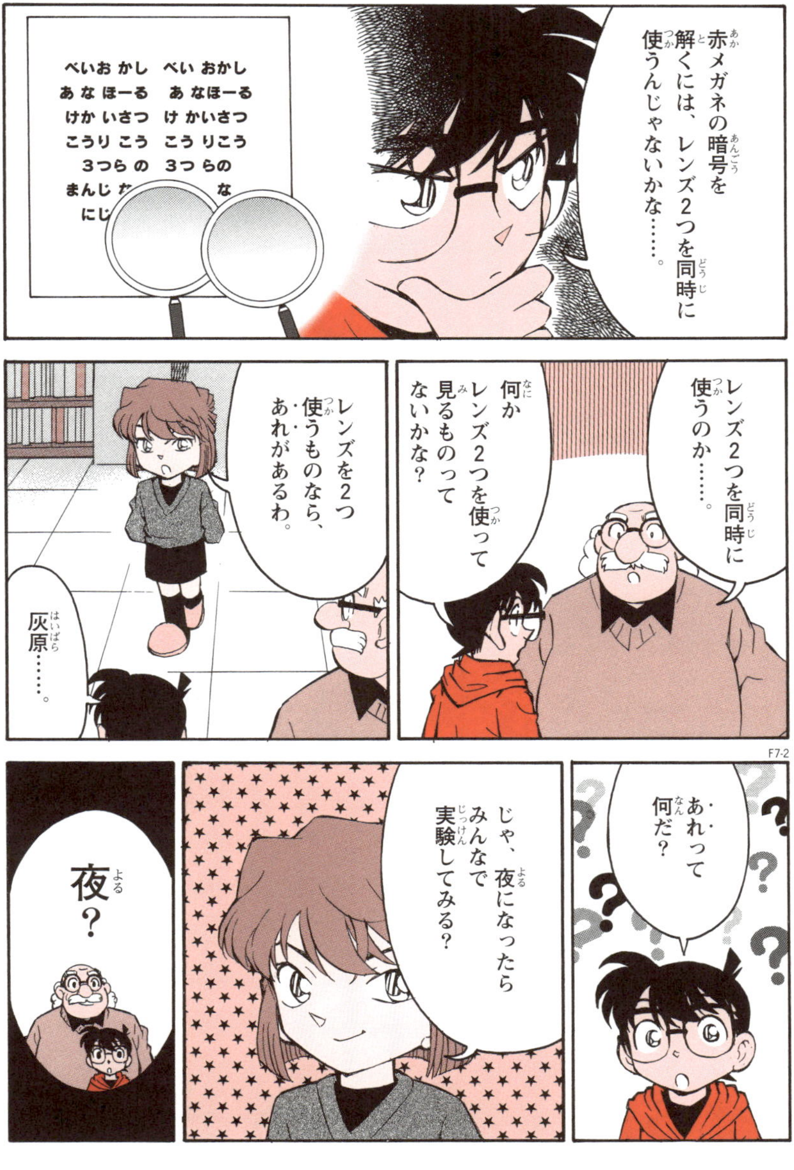

べいお かし　べい おかし
あな ほーる　あな ほーる
けか いさつ　け かいさつ
こうり こう　こう りこう
3つら の　3つ らの
まんじ な　な
にじ
赤《あか》メガネの暗号《あんごう》を解《と》くには、レンズ2つを同時《どうじ》に使《つか》うんじゃないかな……。
レンズ2つを同時《どうじ》に使《つか》うのか……。
何《なに》かレンズ2つを使《つか》って見《み》るものってないかな？
レンズを2つ使《つか》うものなら、あれがあるわ。
灰原《はいばら》……。
F7-2
あれって何《なん》だ？
じゃ、夜《よる》になったらみんなで実験《じっけん》してみる？
夜《よる》？

みんな集《あつ》まったようじゃな……。
なんだよ～～、博士《はかせ》～～、急《きゅう》に呼《よ》び出《だ》して～。
工場見学《こうじょうけんがく》に行《い》って、つかれてるのに～～。
そうですよ～。
今回《こんかい》は私《わたし》が呼《よ》び出《だ》したのよ。
夜《よる》じゃないとできない実験《じっけん》をするためにね。
ちょうどいいことに、今夜《こんや》は満月《まんげつ》だし……。

F7-3

満月《まんげつ》？
満月《まんげつ》に関係《かんけい》ある実験《じっけん》なのか？
満月《まんげつ》っていうと——。
狼男《おおかみおとこ》!!
ええっ、狼男《おおかみおとこ》の実験《じっけん》!?
ぞぞっ
バカね……
レンズの実験《じっけん》に決《き》まってるでしょ。
狼男って……
大小《だいしょう》2つのレンズを使《つか》うことで、望遠鏡《ぼうえんきょう》を作《つく》ることができるのよ。
それで月《つき》を見《み》てみようってわけ。
なるほどな、2つのレンズで望遠鏡《ぼうえんきょう》か……。
ええ!! 望遠鏡《ぼうえんきょう》!?
望遠鏡《ぼうえんきょう》なんて作《つく》れるんですか？

F7-4

じゃ、作《つく》り方《かた》を説明《せつめい》するね。
表《ひょう》しょう状《じょう》とかを入《い》れる紙筒《かみづつ》があればかんたんにできるわ。
まずは――
紙筒《かみづつ》を短《みじか》く切《き》って……。
その2つの筒《つつ》に大《おお》きい虫《むし》メガネと小《ちい》さい虫《むし》メガネをつけるのよ。

F7-5

ジャン!
その2つを合《あ》わせたら——
完成《かんせい》よ!
すごいかんたん〜。
じゃあ、これを持《も》って庭《にわ》に出《で》てみようよ。
お——!!

F7-6

灰原《はいばら》く〜、早《はや》く月《つき》を見《み》ようぜ。
わくわく
ちょっと待《ま》って、使《つか》う前《まえ》に注意《ちゅうい》があるの。
小《ちい》さい方《ほう》の虫《むし》メガネを——、
接眼《せつがん》レンズにするのよ。
ブツダンレンズ??
セツガンレンズですよ!!
接眼《せつがん》レンズって目《め》を近《ちか》づけてのぞくレンズですよね。
うん そうよ。

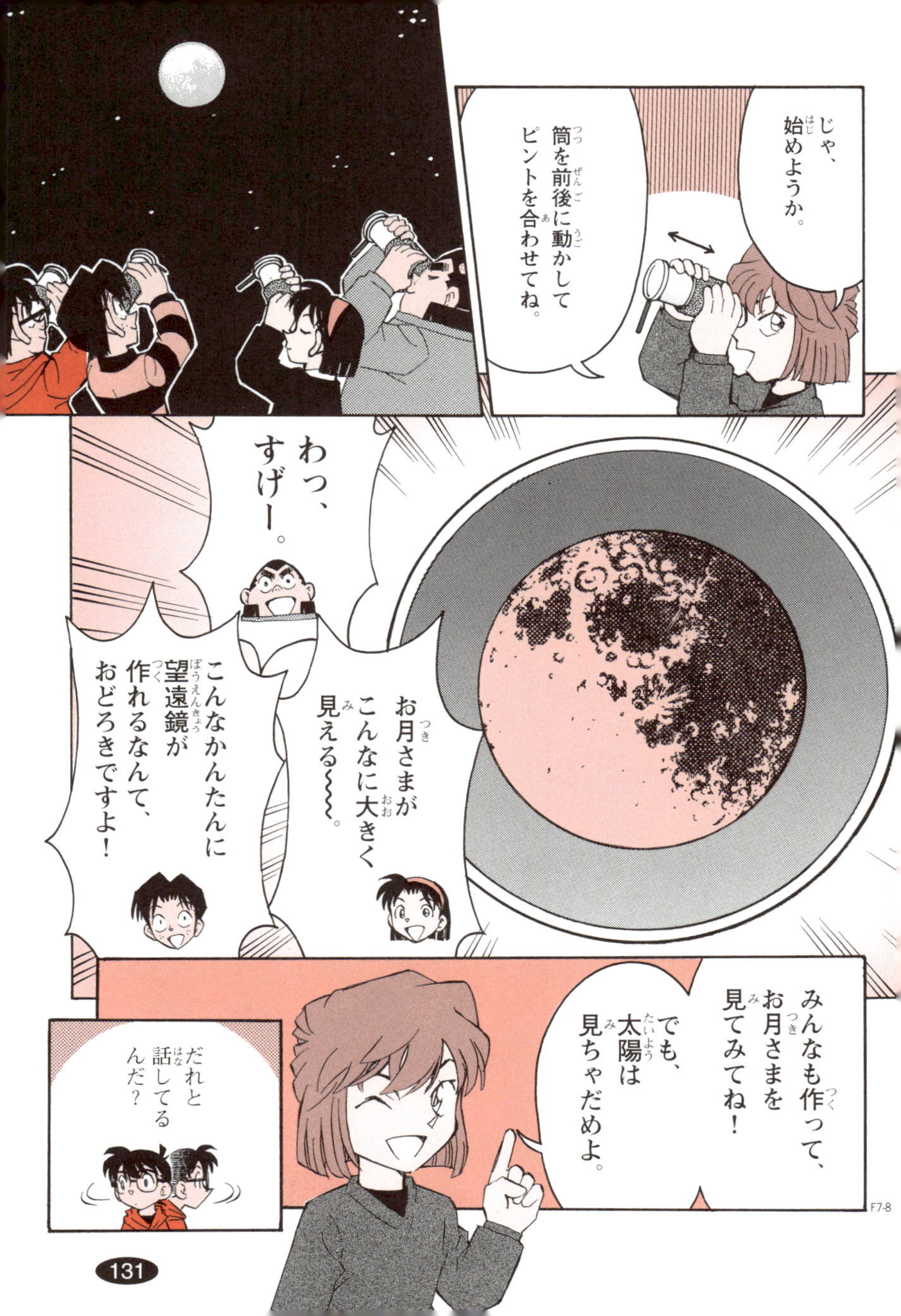
じゃ、始《はじ》めようか。
筒《つつ》を前後《ぜんご》に動《うご》かしてピントを合《あ》わせてね。
わっ、すげー。
お月《つき》さまがこんなに大《おお》きく見《み》える〜〜〜。
こんなかんたんに望遠鏡《ぼうえんきょう》が作《つく》れるなんて、おどろきですよ！
みんなも作《つく》って、お月《つき》さまを見《み》てみてね！
でも、太陽《たいよう》は見《み》ちゃだめよ。
だれと話《はな》してるんだ？

F7-8

あれ？
工藤《くどう》くんは……。
わい　わい
……どうやら
望遠鏡《ぼうえんきょう》じゃ、暗号《あんごう》は
解読《かいどく》できない
みたいだな……。
逆《ぎゃく》にしてみたら？
大《おお》きい虫《むし》メガネを
接眼《せつがん》レンズにすると、
けんび鏡《きょう》にもなるのよ。
ああ……。
それも試《ため》してみたん
だけど……
だめだったよ……。
……
そう。

F7-9

それに、
現場《げんば》に残《のこ》されてたのは
同《おな》じ大《おお》きさの虫《むし》メガネ……。
同《おな》じサイズの
レンズを使《つか》うんじゃ
ねーかな、
たぶん。
同《おな》じサイズの
レンズ2枚《まい》ね……。
おい
光彦《みつひこ》、
おまえの
望遠鏡《ぼうえんきょう》、貸《か》して
みろよ。
いいですけど、
何《なに》をするん
ですか？
2つ使《つか》うと、
もっと大《おお》きく
見《み》えるかなーって
思《おも》ってよ。

F7-10

!!
元太《げんた》くん、もっと大《おお》きく見《み》えた？
クラ クラ
ピントが合《あ》わせられないから、見《み》えないぞ〜〜〜。
あたりまえじゃないですか〜。
2つのレンズを……、
両目《りょうめ》に当《あ》てる……。
レンズを両目《りょうめ》に当《あ》てて見《み》るもの……。

F7-11

あるじゃないか、目《め》の錯覚《さっかく》を利用《りよう》した……。
！
もしかして立体視《りったいし》のこと？
そう、立体視《りったいし》さ。
じゃあ、さっそく試《ため》してみるか!!
元太《げんた》、サンキューな！
え???
F7-12

コナンと実験《じっけん》！

望遠鏡《ぼうえんきょう》で月《つき》を見《み》よう！

手作《てづく》り望遠鏡《ぼうえんきょう》で月《つき》を見《み》よう。夜《よる》だから、おとなの人《ひと》と一緒《いっしょ》にね！

用意《ようい》するもの

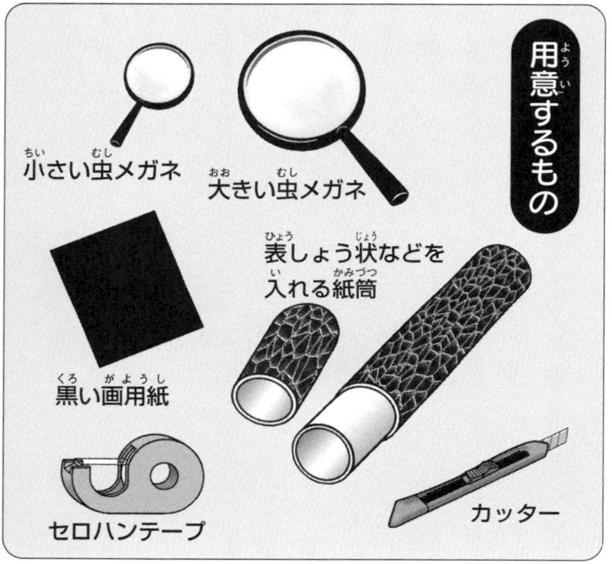

小《ちい》さい虫《むし》メガネ
大《おお》きい虫《むし》メガネ
黒《くろ》い画用紙《がようし》
表《ひょう》しょう状《じょう》などを入《い》れる紙筒《かみづつ》
セロハンテープ
カッター

① ピントが合《あ》う長《なが》さに紙筒《かみづつ》を切《き》ろう

2つの虫《むし》メガネを両手《りょうて》に持《も》ったら、遠《とお》くの物《もの》を見《み》ながら、ピントが合《あ》う距離《きょり》を計《はか》ろう。そうしたら次《つぎ》に、表《ひょう》しょう状《じょう》を入《い》れる筒《つつ》のフタではない方《ほう》（長《なが》い方《ほう》）を、ピントが合《あ》う距離《きょり》に合《あ》わせて、カッターで切《き》ろう。

フタの方《ほう》は、てっぺんを切《き》り離《はな》して筒状《つつじょう》にしてから、のぞき穴《あな》を開《あ》けた黒《くろ》い画用紙《がようし》をセロハンテープではっておこう。

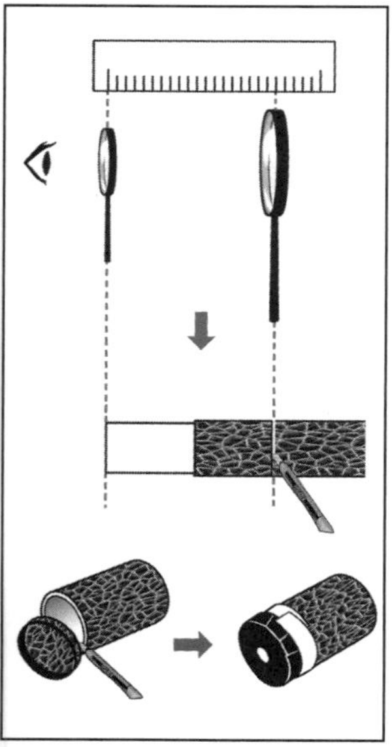

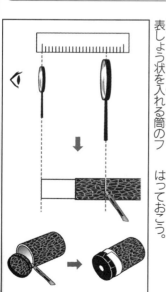

② 紙筒《かみづつ》に2つの虫《むし》メガネをとめよう

紙筒《かみづつ》のフタの、のぞき穴《あな》にレンズの中心《ちゅうしん》を合《あ》わせて、小《ちい》さな虫《むし》メガネをセロハンテープでとめよう。同《おな》じように、短《みじか》く切《き》った紙筒《かみづつ》の本体《ほんたい》の先《さき》には、大《おお》きな虫《むし》メガネをとめよう。両方《りょうほう》とも、なるべくレンズにテープがかからないように注意《ちゅうい》してね。

ジャン!
その2つをあわせたら——
完成《かんせい》よ!

③ ピントを合《あ》わせて月《つき》を観察《かんさつ》しよう

紙筒《かみづつ》のフタと本体《ほんたい》を元《もと》のように合《あ》わせたら、望《ぼう》遠鏡《えんきょう》の完成《かんせい》だ。フタを前《ぜん》後《ご》に動《うご》かしてピントを調《ちょう》節《せつ》しながら、月《つき》などを観《かん》察《さつ》してみよう（絶対《ぜったい》に太《たい》陽《よう》は見《み》ないでね!）。

なお、この望遠鏡《ぼうえんきょう》を逆《さか》さにすると、けんび鏡《きょう》になる。試《ため》してみよう!

千円札《せんえんさつ》の右下《みぎした》にNIPPON GINKO《ニッポンギンコウ》って書《か》いてあるぞ……。
逆《さか》さにすれば、けんび鏡《きょう》になるの! かい中電灯《ちゅうでんとう》でお札《さつ》を透《す》かして見《み》てみてね。

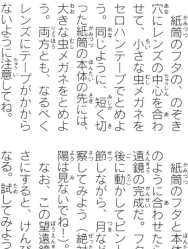

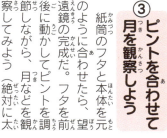

キミも実験《じっけん》!

とってもカンタン！ 固定式望遠鏡《こていしきぼうえんきょう》!!

コナンたちが作《つく》った望遠鏡《ぼうえんきょう》より、もっとカンタンな望遠鏡《ぼうえんきょう》の作《つく》り方《かた》を大公開《だいこうかい》!!

用意《ようい》するもの

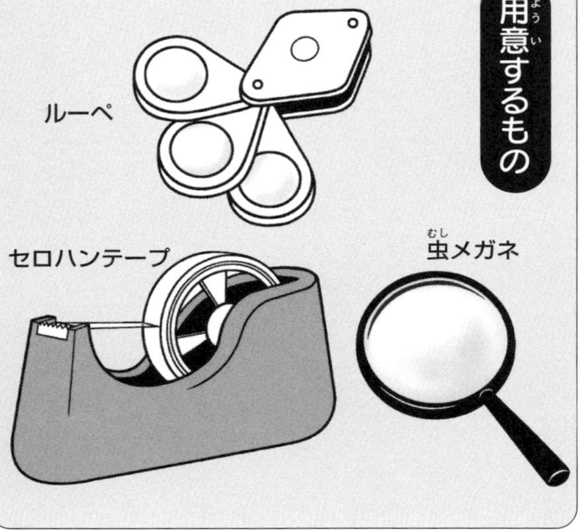

① セロハンテープで虫《むし》メガネを窓《まど》にはろう

望遠鏡《ぼうえんきょう》で見《み》てみたい景色《けしき》の方角《ほうがく》の窓《まど》に、虫《むし》メガネをはろう。虫《むし》メガネを下《した》に落《お》とすと割《わ》れてしまうことがあるので、セロハンテープでしっかりとめよう！

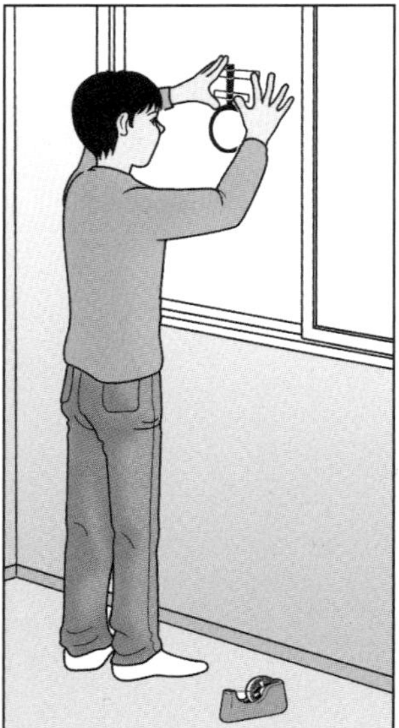

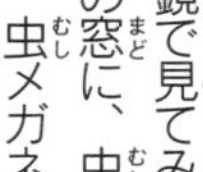

虫《むし》メガネでは、絶対《ぜったい》に太陽《たいよう》を直接《ちょくせつ》見《み》ないようにね！

② ルーペで虫《むし》メガネをのぞいてみよう

窓《まど》にはった虫《むし》メガネよりも、なるべく小《ちい》さなルーペを用意《ようい》しよう。レンズの大《おお》きさがちがえば、ちがうほど、外《そと》の景色《けしき》が拡大《かくだい》されるよ。さあ、これで固定式望遠鏡《こていしきぼうえんきょう》は完成《かんせい》だ！　手《て》に持《も》ったルーペで、窓《まど》にはった虫《むし》メガネをのぞいてみよう。

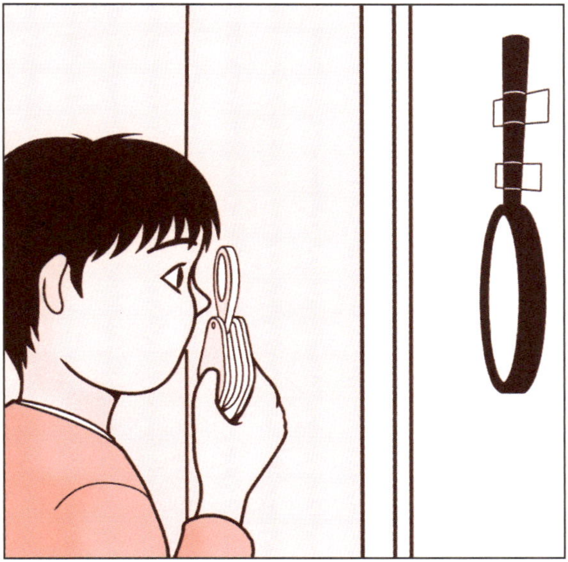

③ ピントを調節《ちょうせつ》してみよう

レンズに映《うつ》った風景《ふうけい》がぼやけて見《み》える場合《ばあい》は、手《て》に持《も》ったルーペの位置《いち》を前後《ぜんご》に調節《ちょうせつ》して、ピントが合《あ》う場所《ばしょ》を探《さが》してみよう。うまくピントが合《あ》えば、窓《まど》の外《そと》の景色《けしき》が逆《さか》さまになって、レンズを使《つか》わないときよりも大《おお》きく見《み》えるはずだよ。

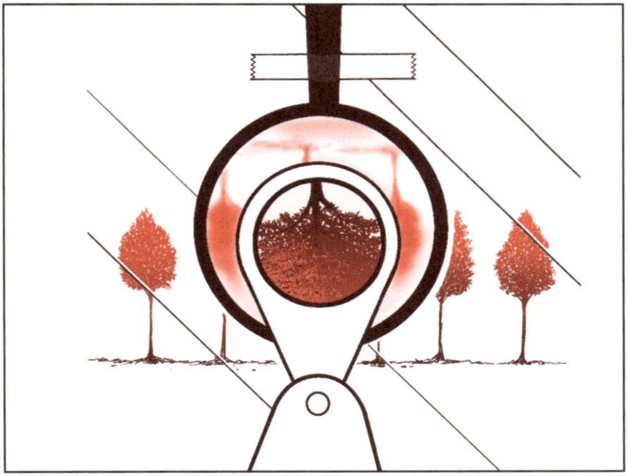

虫《むし》メガネを窓《まど》にはったままにしておくと、火《か》事《じ》の原因《げんいん》になることがあるので注意《ちゅうい》！　実験《じっけん》が終《お》わったら、かならず片《かた》づけておこう。

FILE《ファイル》 8

2つのレンズで暗号《あんごう》を解《と》け！

3D《スリーディー》メガネを作《つく》って立体視《りったいし》をしてみよう!!

コナンと灰原《はいばら》がついに怪盗赤《かいとうあか》メガネの暗号《あんごう》を解読《かいどく》!? 暗号文《あんごうぶん》にかくされている言葉《ことば》を、みんなも見《み》てみよう!!

べいお かし　べい おかし
あ な ほーる　あ なほーる
けか いさつ　け かいさつ
こうり こう　こう りこう
3つら の　3つ らの
まんじ なか　まん じなか
にじ こい　に じこい
警部《けいぶ》どの……
わざわざお越《こ》しいただき、ありがとうございます。
毛利《もうり》くん……きみが呼《よ》び出《だ》すなんてめずらしいな。
——で、用件《ようけん》は何《なに》かね？
決《き》まってるじゃないですか。

F8-1

……ま、まさか!?
そう、そのまさかです。
怪盗《かいとう》赤《あか》メガネが残《のこ》した暗号《あんごう》……、
その謎《なぞ》がついに解《と》けたんです！
なんだって、それは本当《ほんとう》かね!?
F8-2

ねー、工藤《くどう》くん。
ボッ
ボッ
なんだよ、今《いま》いいとこなのに。
いちおう赤《あか》メガネはおっちゃんに挑戦《ちょうせん》してきたんだし……。
ボッ
ボッ
どうして自分《じぶん》で謎解《なぞと》きしないのよ？
それと——おっちゃんもここ数日《すうじつ》、資料《しりょう》を調《しら》べてどうやら赤《あか》メガネの正体《しょうたい》をつかみかけてるらしいんだ。

F8-3

——そう。
それにしてもよく寝《ね》る人《ひと》よね。
スー
スー
………。
毎日徹夜《まいにちてつや》でイスで寝《ね》っぱなしだから、麻酔銃《ますいじゅう》使《つか》う手間《てま》ははぶけたけどな。
スー
スー
毛利《もうり》くん、もったいぶらずに早《はや》く暗号《あんごう》の謎《なぞ》を教《おし》えてくれたまえ！
まーまー、
あせらずに。
私《わたし》の助手《じょしゅ》たちが解《と》いてくれますよ。
助手《じょしゅ》たち？

F8-4

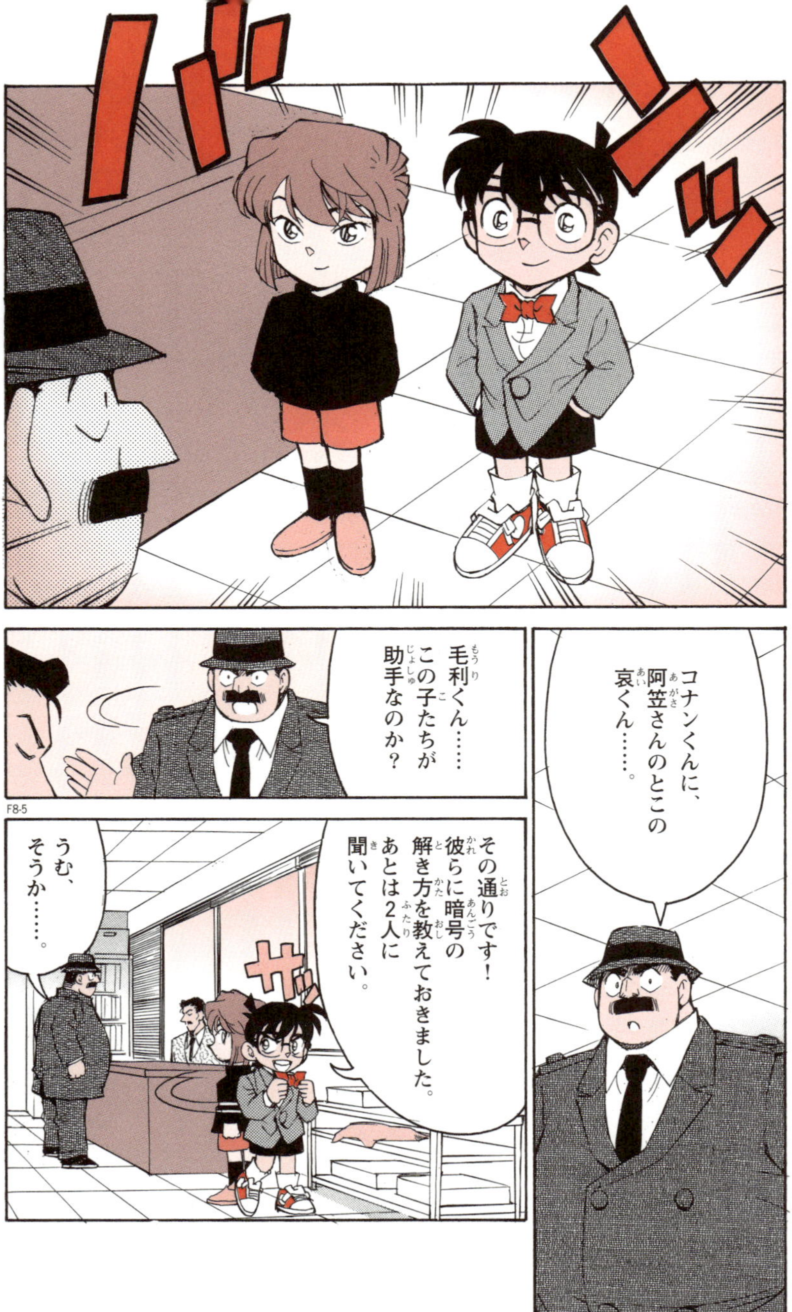

バンッ
コナンくんに、
阿笠《あがさ》さんのとこの
哀《あい》くん……。
毛利《もうり》くん……
この子《こ》たちが
助手《じょしゅ》なのか？
その通《とお》りです！
彼《かれ》らに暗号《あんごう》の
解《と》き方《かた》を教《おし》えておきました。
あとは2人《ふたり》に
聞《き》いてください。
サッ
うむ、
そうか……。

F8-5

じゃ、コナンくん、さっそく説明《せつめい》してもらえるかな?
オッケー!!
警部《けいぶ》は立体視《りったいし》って知《し》ってる?
うむ……、
確《たし》か……。
F8-6
2枚《まい》の写真《しゃしん》を使《つか》って、それが立体的《りったいてき》に見《み》えるというやつだな!
一時期《いちじき》はブームになっていろんな本《ほん》も出《で》ていたが……。
3D
そう、その通《とお》り。

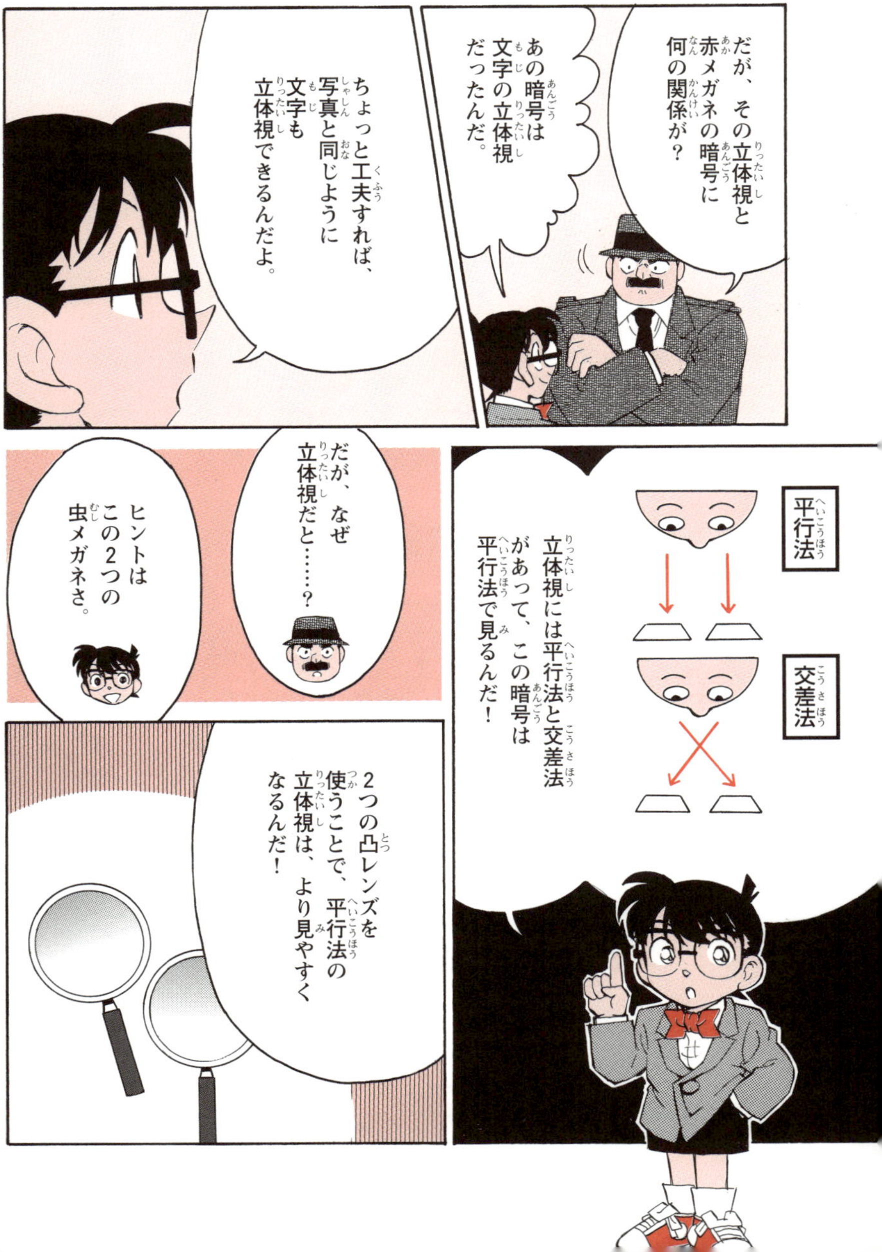
だが、その立体視《りったいし》と赤《あか》メガネの暗号《あんごう》に何《なん》の関係《かんけい》が？
あの暗号《あんごう》は文字《もじ》の立体視《りったいし》だったんだ。
ちょっと工夫《くふう》すれば、写真《しゃしん》と同《おな》じように文字《もじ》も立体視《りったいし》できるんだよ。
平行法《へいこうほう》
交差法《こうさほう》
立体視《りったいし》には平行法《へいこうほう》と交差法《こうさほう》があって、この暗号《あんごう》は平行法《へいこうほう》で見《み》るんだ！
だが、なぜ立体視《りったいし》だと……？
ヒントはこの2つの虫《むし》メガネさ。
2つの凸《とつ》レンズを使《つか》うことで、平行法《へいこうほう》の立体視《りったいし》は、より見《み》やすくなるんだ！

F8-7

じゃ、あとは灰原《はいばら》、やってみてくれよ。
え!?
なんで私《わたし》が〜〜〜!?
ボツ
ボツ
ボツ
しょーがねーだろ、おれはメガネかけててやりずれーし、もしメガネとって正体《しょうたい》がばれでもしたらどーするんだ。
F8-8
どうかしたのかな?
いや、こっちの話《はなし》です。
……。
……。しょうがないわね……。
じゃ、ここから私《わたし》が説明《せつめい》します。
ほっ。
わからないことがあったら、ちゃんと質問《しつもん》してくださいね。
……は、はい。
のりのりじゃねーか。

同《おな》じ大《おお》きさの小《ちい》さい虫《むし》メガネを2つ用意《ようい》します。
それと——厚紙《あつがみ》を使《つか》って立体視用《りったいしよう》の3D《スリーディー》メガネを作《つく》ります。
慣《な》れると、これがなくても立体的《りったいてき》に見《み》えますけど、3D《スリーディー》メガネを使《つか》うと見《み》やすいんです。
遠《とお》くを見《み》るような感《かん》じで、左右《さゆう》の暗号文《あんごうぶん》が1つにかさなるように見《み》てください。
おお!!
こ……これは!!!
みんなも次《つぎ》のページの暗号文《あんごうぶん》を3D《スリーディー》メガネで見《み》てみてね。

F8-9

べいお かし	べい おかし
あ な ほーる	あ なほーる
けか いさつ	け かいさつ
こうり こう	こう りこう
3つら の	3つ らの
まんじ なか	まん じなか
にじ こい	に じこい

＊赤《あか》い点線《てんせん》の左右《さゆう》の文字列《もじれつ》がぴったりかさなるように見《み》てみよう。3D《スリーディー》メガネの作《つく》り方《かた》は、154〜155ページを見《み》てね！

文字《もじ》がうかびあがって見《み》えるぞ!!
そのうかびあがった文字《もじ》だけを読《よ》んでみてください。

べ…いかし
ほー…る
けい…さ…
つ…こう…
こ…う…

F8-11

米花市《べいかし》、ホール・警察《けいさつ》・高校《こうこう》、3つの真《ま》ん中《なか》に来《こ》い!!

毛利《もうり》くん！地図《ちず》はあるかね!!
へ？は??地図《ちず》??あ……はい！
あっ、起《お》きちまった……。
ホールと警察《けいさつ》と高校《こうこう》の中心《ちゅうしん》には……、
木村
引地谷
田中
引地谷《ひくちや》……、ここは確《たし》か空《あ》き家《や》だったはず。
……引地谷《ひくちや》？
ふぁぁ
!!

F8-12

……
引地谷三郎《ひくちやさぶろう》……。
その家《いえ》の主《あるじ》……、引地谷三郎《ひくちやさぶろう》は私《わたし》が逮捕《たいほ》した殺人犯《さつじんはん》です。
なんだって!?
私《わたし》がまだ若《わか》いころ――、
画商《がしょう》だった引地谷《ひくちや》はバブルの影響《えいきょう》もあって、大《おお》もうけしていました。
だがあるとき、仕事仲間《しごとなかま》に大金《たいきん》をだまし取《と》られ逆上《ぎゃくじょう》……、その男《おとこ》を殺《ころ》してしまったんです。
――で、きみが引地谷《ひくちや》を逮捕《たいほ》したと……。
はい。
そういえば引地谷《ひくちや》には一人息子《ひとりむすこ》がいたっけ……。
父《ちち》ひとり子《こ》ひとりだったから、親《しん》せきに引《ひ》き取《と》られたって聞《き》いたが……。

F8-13

F8-14

コナンと実験《じっけん》！

3D《スリーディー》メガネを作《つく》ろう！

虫《むし》メガネを2個《こ》使《つか》った3D《スリーディー》メガネの作《つく》り方《かた》を説明《せつめい》するよ！

用意《ようい》するもの

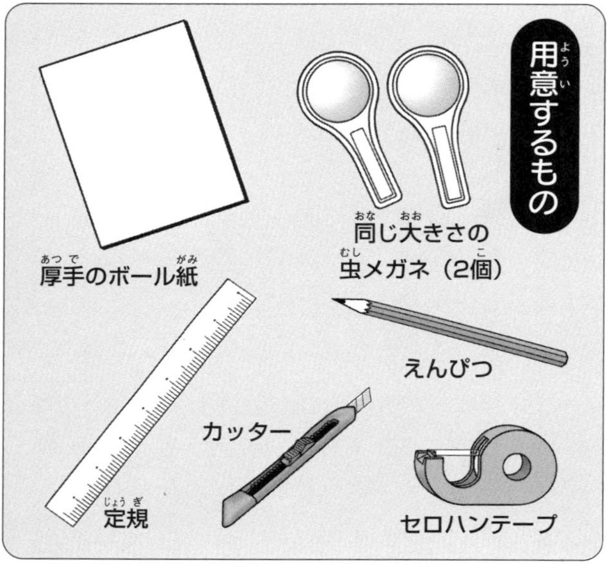
厚手《あつで》のボール紙《がみ》
同《おな》じ大《おお》きさの虫《むし》メガネ（2個《こ》）
えんぴつ
カッター
定規《じょうぎ》
セロハンテープ

① ボール紙《がみ》を切《き》り、のぞき穴《あな》を開《あ》ける

厚手《あつで》のボール紙《がみ》を用意《ようい》したら、四等分《よんとうぶん》になるように、たて横《よこ》に折《お》り目《め》をつける。図《ず》のように40㎜離《はな》して2つの虫《むし》メガネをボール紙《がみ》の上《うえ》へ置《お》き、虫《むし》メガネのふちをえんぴつでなぞろう。次《つぎ》に、えんぴつの線《せん》よりもやや小《ちい》さめに、カッターで丸《まる》い穴《あな》を開《あ》けるんだ。穴《あな》を2つ開《あ》けたら、半分《はんぶん》に折《お》りたたんで、反対側《はんたいがわ》にも同《おな》じ大《おお》きさの穴《あな》を開《あ》けよう。

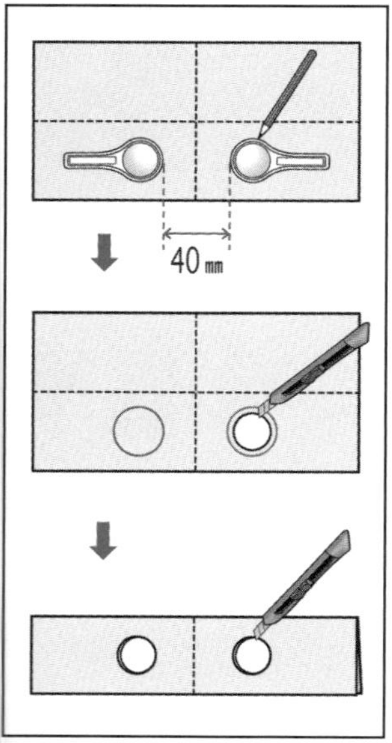
40㎜

② 虫《むし》メガネをテープでとめよう

ボール紙《がみ》をいったん開《ひら》いて、のぞき穴《あな》の位置《いち》に合《あ》わせて、2つの虫《むし》メガネをセロハンテープでとめよう。ボール紙《がみ》を折《お》って虫《むし》メガネをはさんだら、紙《かみ》が開《ひら》かないようにテープでとめておこう。

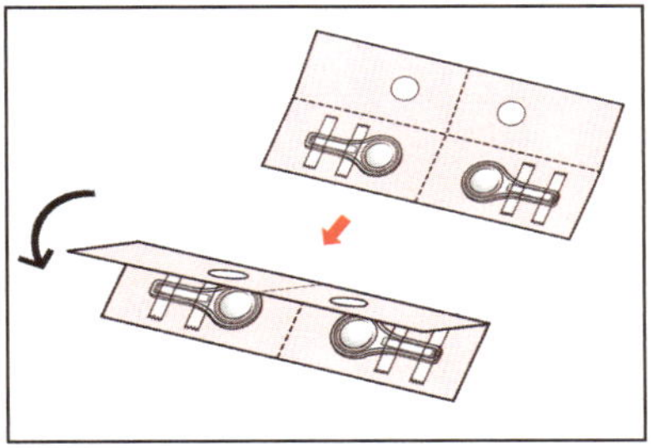

③ 図《ず》のように折《お》ればメガネの完成《かんせい》だ！

図《ず》のように折《お》って鼻《はな》の部分《ぶぶん》を作《つく》ったら、3D《スリーディー》メガネの完成《かんせい》だ。鼻《はな》の部分《ぶぶん》でレンズの幅《はば》を調節《ちょうせつ》しながら、暗号文《あんごうぶん》を見《み》てみよう。慣《な》れてきたら、3D《スリーディー》メガネなしでの立体視《りったいし》にも挑戦《ちょうせん》してみよう！

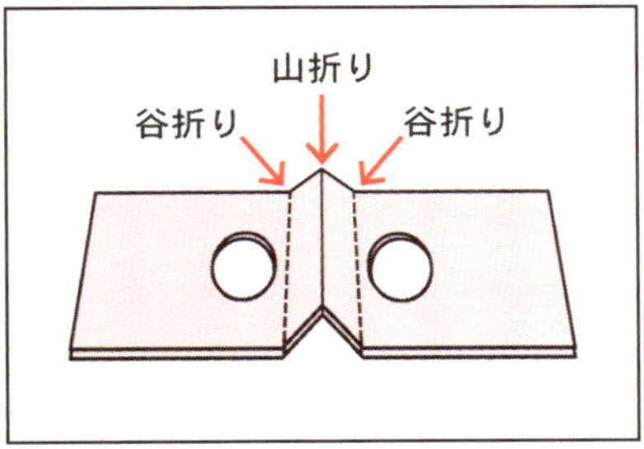
山折り
谷折り
谷折り

文字《もじ》の立体視《りったいし》でキミも暗号文《あんごうぶん》を作《つく》ろう!!

パソコンのワープロソフトで、立体視《りったいし》の暗《あん》号文《ごうぶん》を作《つく》ってみよう。まず「コナン」と入力《にゅうりょく》したら、一《ひと》文字《もじ》分《ぶん》の空《くう》白《はく》をあけて、もう一度《いちど》「コナン」と入力《にゅうりょく》①。次《つぎ》に「コナン」という文字《もじ》の間《あいだ》に「イ」を入力《にゅうりょく》して、左右《さゆう》を「コイナイン」としよう②。左《ひだり》の文字列《もじれつ》は2つの「イ」の右側《みぎがわ》、右《みぎ》の文字《もじ》列《れつ》は「イ」の左側《ひだりがわ》に文《も》字《じ》半角分《はんかくぶん》の空白《くうはく》を入力《にゅうりょく》③。立体視《りったいし》すると「コナン」の文字《もじ》だけ飛《と》び出《だ》して見《み》えるよ。

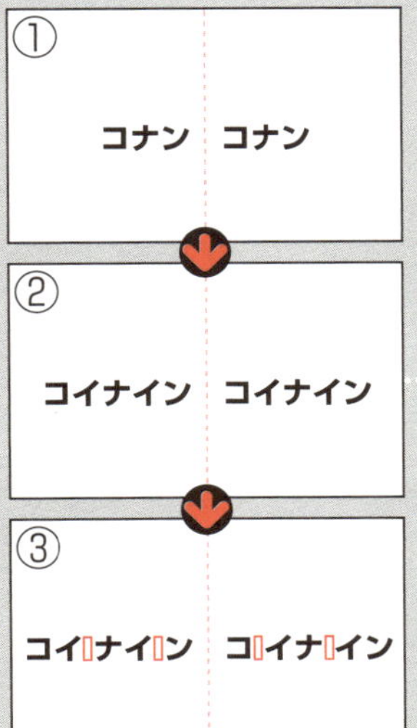
①
コナン　コナン
②
コイナイン　コイナイン
③
コイ▯ナイ▯ン　コ▯イナ▯イン

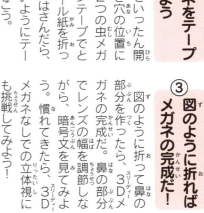

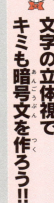

カメラ付《つ》き携帯電話《けいたいでんわ》で3D《スリーディー》写真《しゃしん》をとろう!

おとなの人《ひと》にカメラ付《つ》き携帯電話《けいたいでんわ》を借《か》りて、実験《じっけん》しよう!

用意《ようい》するもの

「コナンと実験《じっけん》!」で作《つく》った3D《スリーディー》メガネ

30万《まん》画《が》素《そ》以上《いじょう》のカメラ付《つ》き携帯電話《けいたいでんわ》(2台)

ペットボトル(2本《ほん》)

① カメラ付《つ》き携帯《けいたい》電話《でんわ》を用意《ようい》しよう

カメラ付《つ》き携帯電話《けいたいでんわ》をおとなの人《ひと》から借《か》りて、2台《だい》用意《ようい》しよう。「あとはシャッターを押《お》すだけ」というところまで、おとなの人《ひと》にセットしておいてもらうといいよ。

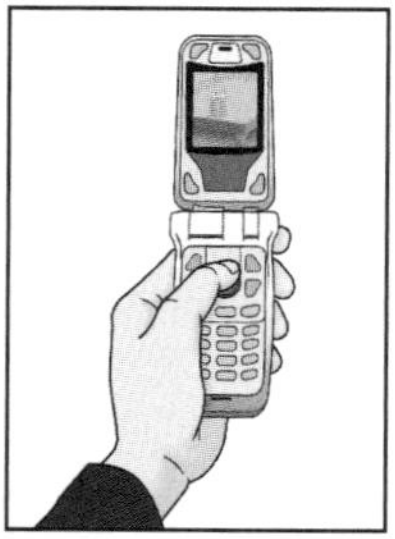

② テーブルにペットボトルを置《お》こう

ペットボトルは中身《なかみ》が空《から》になっているものでもオーケー。なるべくテーブルの手前《てまえ》の方《ほう》に、30㎝くらい離《はな》して置《お》こう。

③カメラ付《つ》き携帯電話《けいたいでんわ》でさつえいしよう

両手《りょうて》に1台《だい》ずつ携帯電話《けいたいでんわ》を持《も》ったら、10~20cmくらい離《はな》してカメラを構《かま》える。そして、下《した》の「3D《スリーディー》写真《しゃしん》のじょうずなとり方《かた》」を参考《さんこう》にしながら、ペットボトルをさつえいしよう。しゃがんで写真《しゃしん》をとってみたりと、いろいろな角度《かくど》から写《うつ》した写真《しゃしん》を立体視《りったいし》してみよう。

④3D《スリーディー》メガネで液晶《えきしょう》画面《がめん》を見《み》てみよう

画像《がぞう》を表示《ひょうじ》させたまま、左右《さゆう》を間《ま》ちがえないように2台《だい》の携帯電話《けいたいでんわ》を並《なら》べておこう。3D《スリーディー》メガネで液晶画面《えきしょうがめん》を見《み》ると、2本《ほん》のペットボトルが立体的《りったいてき》に見《み》えるよ!

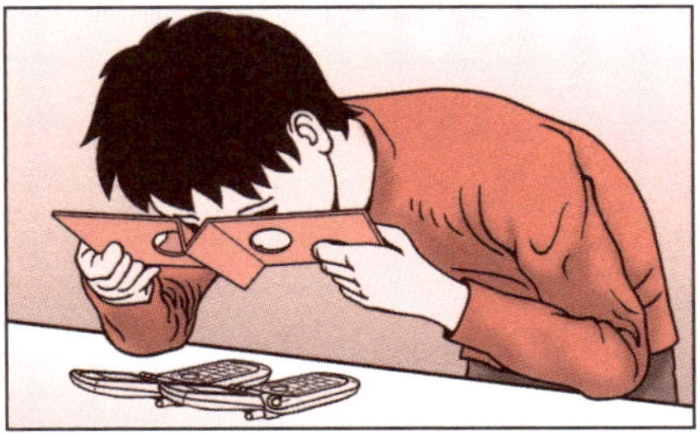

3D《スリーディー》写真《しゃしん》のじょうずなとり方《かた》と見方《みかた》

3D《スリーディー》写真《しゃしん》をとるときは、両手《りょうて》に持《も》った携帯《けいたい》電話《でんわ》を少《すこ》しだけ内側《うちがわ》に向《む》けて、液晶画面《えきしょうがめん》の構《こう》図《ず》が同《おな》じになるように気《き》をつけよう。例《たと》えば、液晶画面《えきしょうがめん》の左下《ひだりした》の角《かど》に、左《ひだり》のペットボトルの左下《ひだりした》の角《かど》、液晶画面《えきしょうがめん》の右下《みぎした》の角《かど》に、右《みぎ》のペットボトルの右下《みぎした》の角《かど》がくるようにすればいいんだ。あと、3D《スリーディー》メガネで液晶画面《えきしょうがめん》を見《み》るときは、バックライトが消《き》えないように設定《せってい》しておいてもらおう(3D《スリーディー》メガネの使《つか》い方《かた》は、ファイル8の「コナンと実験《じっけん》!」をよく読《よ》んでね)。なれてくると、3D《スリーディー》メガネを使《つか》わなくても、立体的《りったいてき》に見《み》えてくるよ!

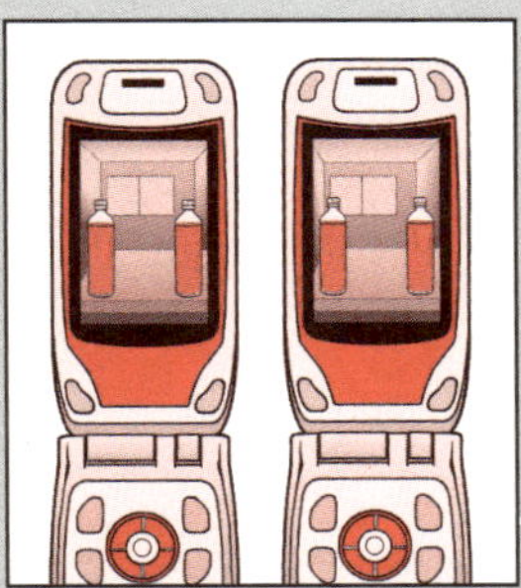

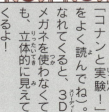

FILE《ファイル》 9

赤《あか》メガネの館《やかた》の謎《なぞ》を解《と》け！

身近《みぢか》なものでレンズを作《つく》ろう!!

ついに怪盗赤《かいとうあか》メガネの館《やかた》までやってきたコナン。
しかし館《やかた》には、赤《あか》メガネが仕《し》かけたひきょうなワナが……!!

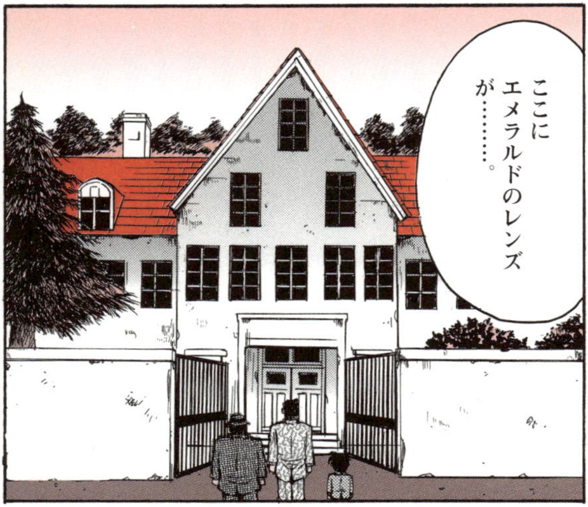
ここにエメラルドのレンズが……。

警官隊《けいかんたい》の到着《とうちゃく》を待《ま》とう——。
おそらく蘭《らん》くんもこの中《なか》に……。
いいえ。

F9-1

蘭《らん》は、ここにいません……。

それは
どういうこと
だね？
赤《あか》メガネと、
蘭《らん》をゆうかいした犯人《はんにん》は
別《べつ》なんですよ。
ごぞんじの通《とお》り、
赤《あか》メガネのメッセージが
届《とど》いたあとに、蘭《らん》を
ゆうかいしたという
メッセージが来《き》ました。
あのときは取《と》り乱《みだ》してしまいましたが、
あとから調《しら》べてみると
2つのメッセージの筆《ひっ》せき、サインが
まったくちがっていたんです。
毛利小五郎へ
キミが本気にならないといけないので
キミの娘もあずかった！
返してほしければ エメラルドのレンズを
見つけたまえ!!
怪盗 赤メガネ
名探偵 毛利小五郎殿
エメラルドのレンズは いただいた！
米花市のどこかに かくしておく。
7日以内に見つけたまえ。
7日たっても見つけられない場合
エメラルドのレンズは どうなっても
知らないよ…
怪盗赤メガネ
なるほど……。
おっちゃん！
やるときは
やるじゃん。

F9-2

じゃあ、蘭《らん》くんをさらったのはいったい……。
おそらく、エメラルドのレンズの持《も》ち主《ぬし》であるアール氏《し》でしょう。
アール氏《し》が!? そんなバカな!!
それは……、私《わたし》にエメラルドのレンズを本気《ほんき》で探《さが》させるためでしょう。
調《しら》べてみたら、アール氏《し》はイタリアのマフィアと深《ふか》いつながりがあるようです。
それくらい、やりかねません。

おっちゃんの言《い》う通《とお》りだ。
毛利探偵事務所《もうりたんていじむしょ》のまわりを見張《みは》っていた黒服《くろふく》の男《おとこ》……、あいつの名刺《めいし》にはアール氏《し》の会社《かいしゃ》の名前《なまえ》があった。
アール・カンパニー
日本支社《にほんししゃ》
黒井《くろい》 栄一《えいいち》
だから、エメラルドのレンズを見《み》つければ、蘭《らん》に危険《きけん》はないでしょう。
うむ。じゃがゆうかいは犯罪《はんざい》だ。
高木《たかぎ》くんに連絡《れんらく》して、アール氏《し》を取《と》り調《しら》べなければ。
キリっ
そうですね。じゃあ私《わたし》は、その間《かん》にこの館《やかた》を……。

F9-4

おっちゃん、早《はや》く！
タッ
早《はや》くしないとおいてくぞ！
はぁ??
せっかくカッコよく決《き》めようと思《おも》ってたのに……。
おいこら、待《ま》てっ!!
足手《あしで》まといになるだけだ。帰《かえ》れ！
F9-5
わっっ。
バキィ
?

このろう下《か》、くさってやがる〜〜。
じたばたっ
……………。
いててて。
おっちゃん、だいじょうぶ？
ったく、どっちが足手《あしで》まといだよ。
F9-6
先《さき》に行《い》くよ。
おいこら、待《ま》てって。
スタスタッ
あのドアから光《ひかり》が……。
なに!?
ギイイイ

こ……これは!!
バーンッッ
ヒヘ→ホチ
エメラルドのレンズが2つある!
この部屋にあるレンズでカベを見てみろ!
どちらのレンズが本物かわかるはずだ!
怪盗赤メガネ

F9-7

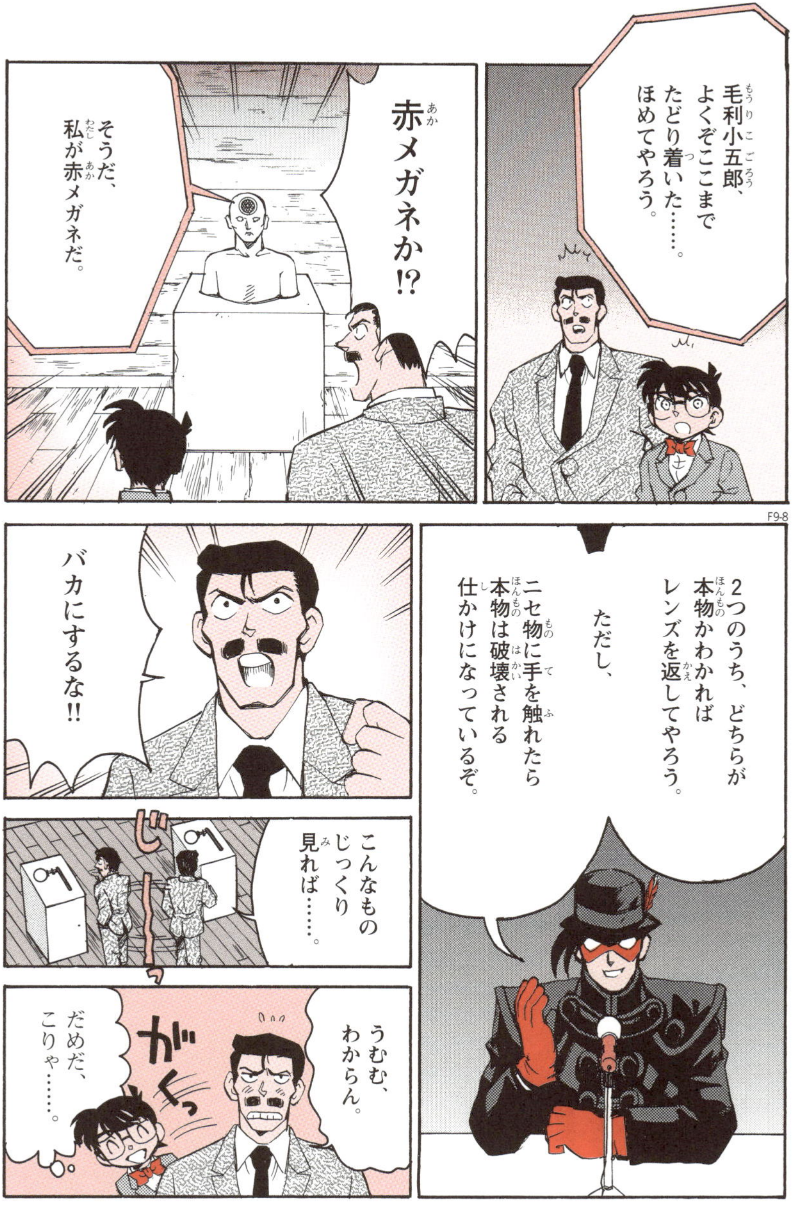

毛利小五郎《もうりこごろう》、
よくぞここまで
たどり着《つ》いた……。
ほめてやろう。
赤《あか》メガネか!?
そうだ、
私《わたし》が赤《あか》メガネだ。
2つのうち、どちらが
本物《ほんもの》かわかれば
レンズを返《かえ》してやろう。
ただし、
ニセ物《もの》に手《て》を触《ふ》れたら
本物《ほんもの》は破壊《はかい》される
仕《し》かけになっているぞ。
バカにするな!!
じ
こんなもの
じっくり
見《み》れば……。
うむむ、
わからん。
がくっ
だめだ、
こりゃ……。

F9-8

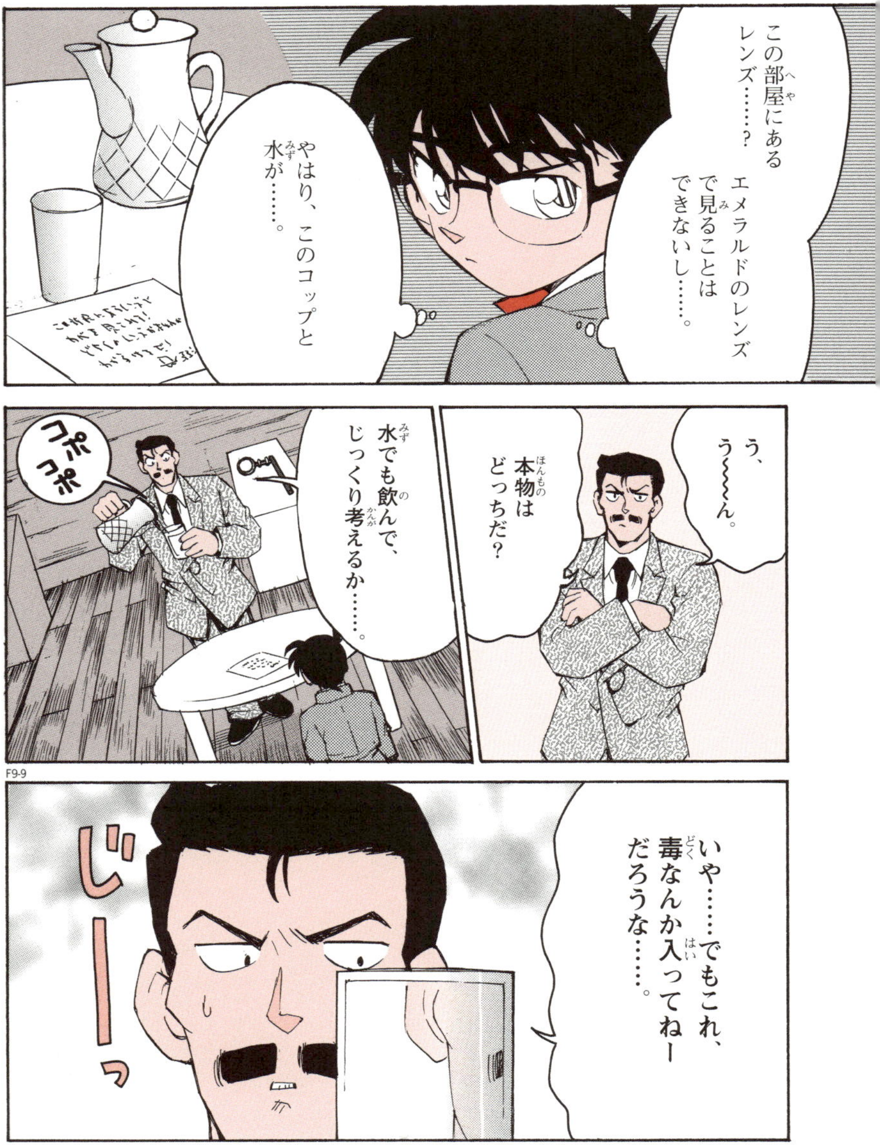
この部屋《へや》にあるレンズ……?
エメラルドのレンズで見《み》ることはできないし……。
やはり、このコップと水《みず》が……。
う、う～～ん。
本物《ほんもの》はどっちだ?
水《みず》でも飲《の》んで、じっくり考《かんが》えるか……。
コポコポ
いや……でもこれ、毒《どく》なんか入《はい》ってねーだろうな……。
じーっ

F9-9

コップの顔《かお》が左右逆《さゆうぎゃく》に……‼
そうか‼ 歩美《あゆみ》たちを通《とお》して、博士《はかせ》が教《おし》えてくれたことが役立《やくだ》ったぜ。
本物《ほんもの》は——、
F9-10
ガッ
左《ひだり》のレンズだ‼

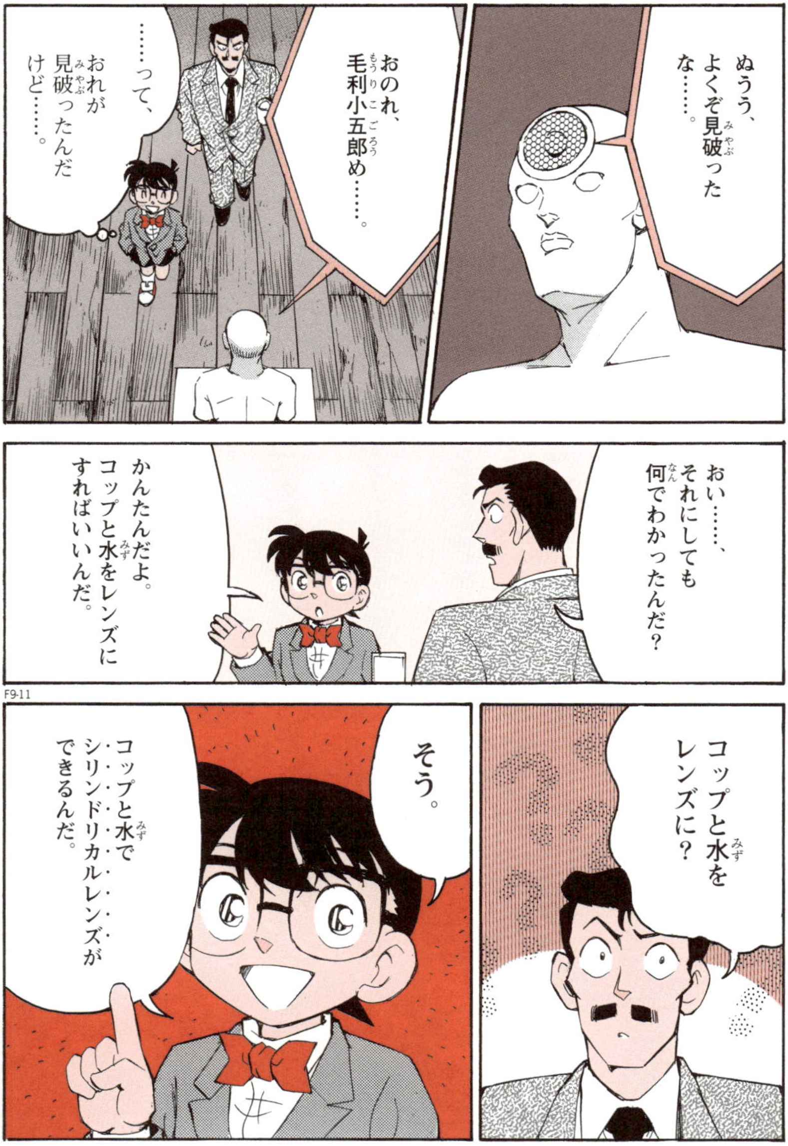
ぬうう、よくぞ見破《みやぶ》ったな……。
おのれ、毛利《もうり》小《こ》五郎《ごろう》め……。
……って、おれが見破《みやぶ》ったんだけど……。
おい……、それにしても何《なん》でわかったんだ？
かんたんだよ。コップと水《みず》をレンズにすればいいんだ。
コップと水《みず》をレンズに？
そう。
コップと水《みず》でシリンドリカルレンズができるんだ。

F9-11

そのコップを通《とお》して、かべの矢印《やじるし》を見《み》てごらんよ。
コップを通《とお》して？
あ!!
ンノ
←
ホモ
本当《ほんとう》だ。矢印《やじるし》と字《じ》が左右反対《さゆうはんたい》に！
毛利小五郎《もうりこごろう》め……優《ゆう》しゅうな助手《じょしゅ》を連《つ》れてきたな……。
だが、おまえへのうらみをはらすまで、何度《なんど》だって挑戦《ちょうせん》を続《つづ》けるぞ。
もう、いいかげんヘタな芝居《しばい》はやめたらどうだ、後村《あとむら》……いや、
引地谷将四郎《ひくちやしょうしろう》!!
なにっ！

F9-12

カチャ
ばれていたのか……。
米花美術館《べいかびじゅつかん》の後村《あとむら》さん！
今《いま》、思《おも》い出《だ》したよ。
きみが将四郎《しょうしろう》っていう名前《なまえ》だったってな……。
きみの父親《ちちおや》の事件《じけん》を忘《わす》れたことはないさ……。

F9-13

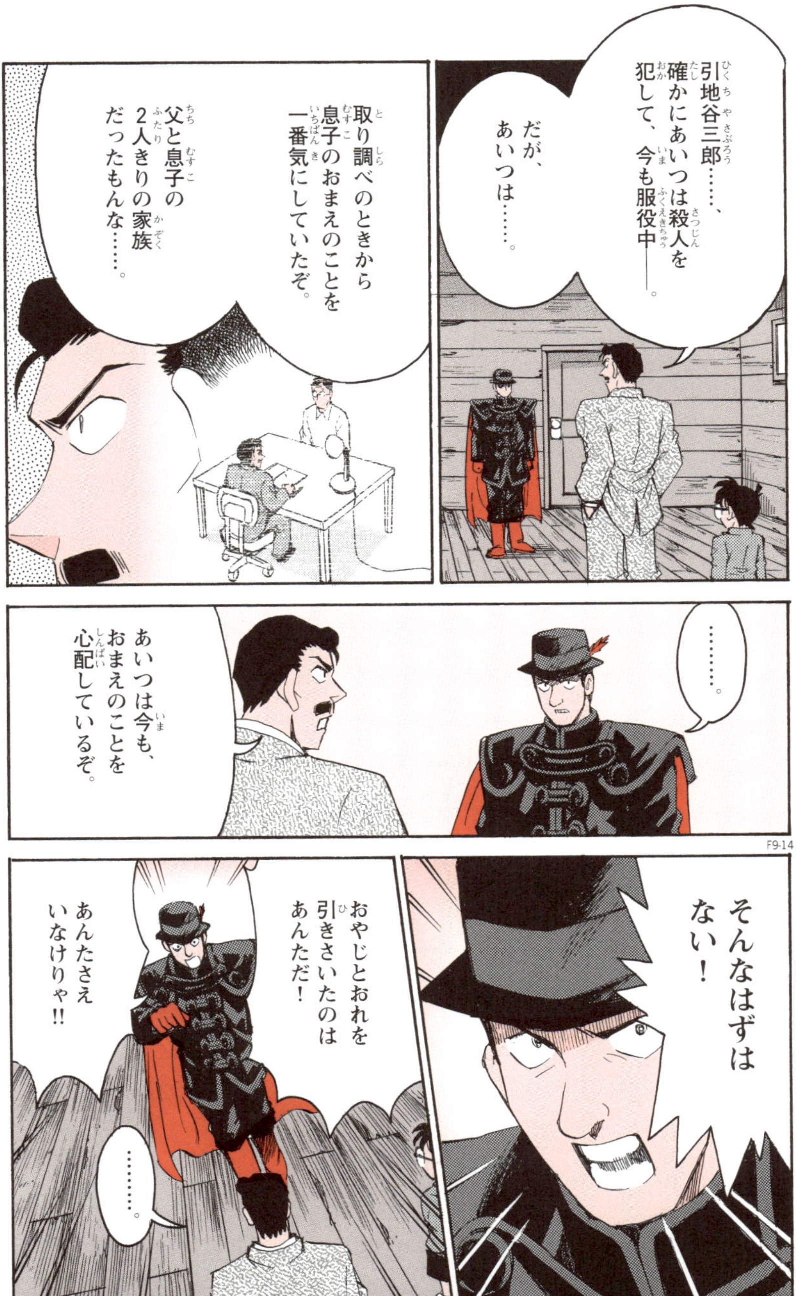

引地谷三郎《ひくちやさぶろう》……、確《たし》かにあいつは殺人《さつじん》を犯《おか》して、今《いま》も服役中《ふくえきちゅう》――。
だが、あいつは……。
取《と》り調《しら》べのときから息子《むすこ》のおまえのことを一番気《いちばんき》にしていたぞ。
父《ちち》と息子《むすこ》の2人《ふたり》きりの家族《かぞく》だったもんな……。
……。
あいつは今《いま》も、おまえのことを心配《しんぱい》しているぞ。
そんなはずはない!
おやじとおれを引《ひ》きさいたのはあんただ!
あんたさえいなけりゃ!!
……。

おれはあいつのことが気《き》になって、何年《なんねん》かに一度《いちど》、面会《めんかい》に行《い》ってるんだ。
おまえ、父親《ちちおや》から面会《めんかい》を断《ことわ》られてるらしいな……。
あいつがおまえと会《あ》わない理由《りゆう》……わかるか？
……。
あいつはこう言《い》ってたぞ。
理由《りゆう》はあったにせよ殺人《さつじん》は罪《つみ》……。だから私《わたし》は、ちゃんと刑《けい》を受《う》けるつもりです。
刑期《けいき》を終《お》え、キレイな体《からだ》になって息子《むすこ》に会《あ》いに行《い》こうと思《おも》ってます。
――ってな。
……。
ガクッ
……お……。
おやじ……。
F9-15

毛利《もうり》くん！
タッ
警部《けいぶ》、ご安心《あんしん》を。レンズは無事《ぶじ》……
そうか、それより……
蘭《らん》くんがとんでもないことに!!
なんだって!?

F9-16

キミも実験《じっけん》！

プラスチックスプーンもレンズになる!?

プラスチックスプーンなど、身近《みぢか》にある物《もの》でレンズを作《つく》ってみよう！

用意《ようい》するもの

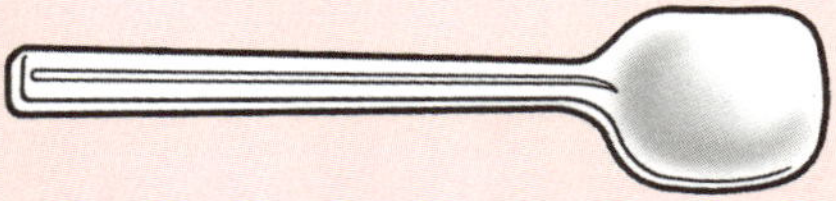

今《いま》まで学《まな》んできたように、太陽《たいよう》や電球《でんきゅう》の光《ひかり》は、空気中《くうきちゅう》から密度《みつど》のちがう透明《とうめい》な物質《ぶっしつ》に入《はい》るときに屈折《くっせつ》する。だから、レンズに使《つか》われているガラスやプラスチックと同《おな》じように、水《みず》も光《ひかり》を曲《ま》げることができるんだ。そのうえ、表面《ひょうめん》が球面状《きゅうめんじょう》になった水玉《みずたま》は、虫《むし》メガネなどの凸《とつ》レンズと同《おな》じように、物《もの》を大《おお》きく見《み》せたりすることができる。

この実験《じっけん》では、透明《とうめい》なプラスチックスプーンと水《みず》を使《つか》って、かんたんにできる自家製《じかせい》レンズを作《つく》ってみよう。透明《とうめい》なプラスチックスプーンは、ヨーグルトなどを買《か》うと付《つ》いてくるものを使《つか》おう。

洗面器《せんめんき》などの上《うえ》で、コップからプラスチックスプーンへ、水《みず》を一《いっ》てきだけ、たらそう。うまくいかない場合《ばあい》は、スポイトを使《つか》うとかんたんにできるよ。

プラスチックスプーンの上《うえ》へたらした水《みず》は、表面張力《ひょうめんちょうりょく》の働《はたら》きで、水玉《みずたま》となってふくらんでいる。これで自家《じか》製《せい》レンズの完成《かんせい》だ！

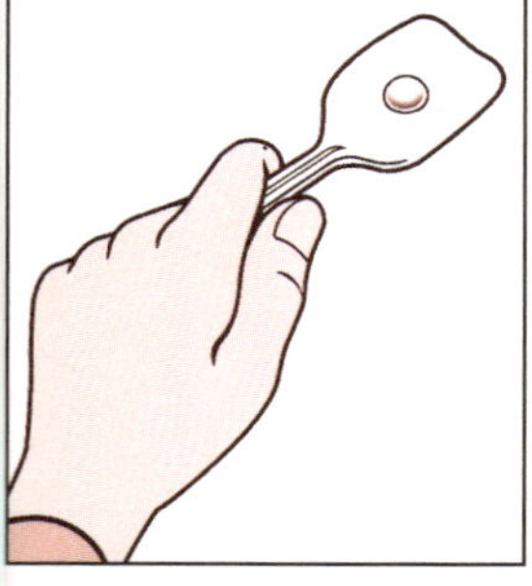

自家製《じかせい》レンズを使《つか》って、この本《ほん》の表紙《ひょうし》や、下《した》のグラデーション見本《みほん》を拡大《かくだい》してみよう。目《め》で見《み》るとなめらかな印刷物《いんさつぶつ》だが、じつは細《こま》かな色《いろ》の点《てん》からできていることがよくわかるよ！

黒《くろ》のグラデーション

赤《あか》と黒《くろ》のグラデーション

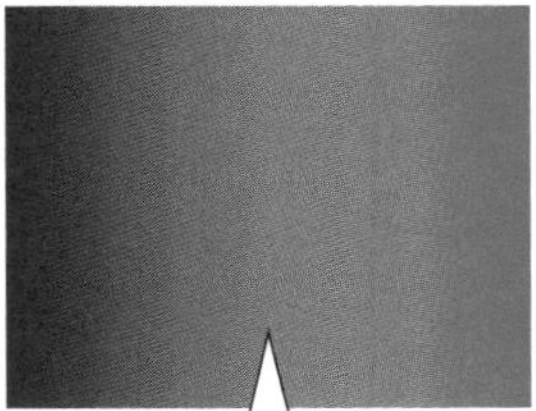

赤《あか》のグラデーション

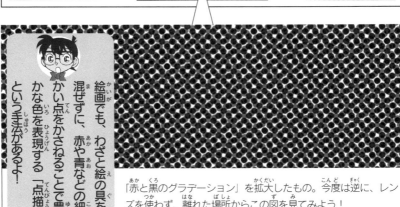

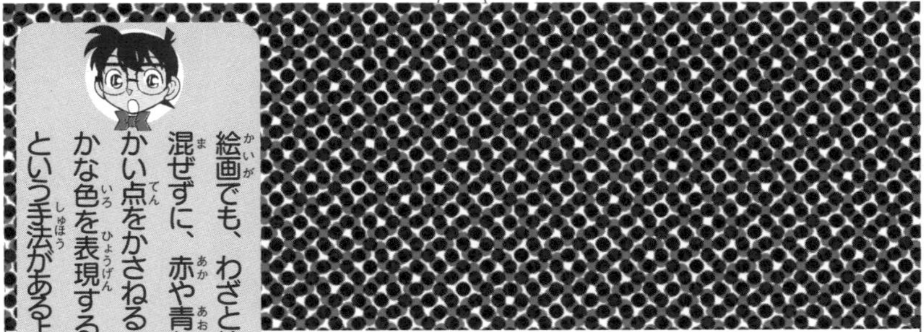

絵画《かいが》でも、わざと絵《え》の具《ぐ》を混《ま》ぜずに、赤《あか》や青《あお》などの細《こま》かい点《てん》をかさねることで豊《ゆた》かな色《いろ》を表現《ひょうげん》する「点描《てんびょう》」という手法《しゅほう》があるよ！

「赤《あか》と黒《くろ》のグラデーション」を拡大《かくだい》したもの。今度《こんど》は逆《ぎゃく》に、レンズを使《つか》わず、離《はな》れた場所《ばしょ》からこの図《ず》を見《み》てみよう！

FILE《ファイル》 10

事件《じけん》解決《かいけつ》! そして最後《さいご》のテスト!?

世界《せかい》で一番《いちばん》すばらしいレンズとは?

エメラルドのレンズと、蘭《らん》を無事《ぶじ》に取《と》りもどしたコナン。そこで阿笠博士《あがさはかせ》から、少年探偵団《しょうねんたんていだん》とみんなに最終《さいしゅう》テストの出題《しゅつだい》だ!!

F10-1

お父《とう》さん！
コナンくん！
蘭《らん》!!
どう？
これ、
キレイ
でしょ？
キラ
キラ
どういうこと
なんだ？ こりゃ??
……
とんでもないって
このことか……。

これ全部《ぜんぶ》、アールさんにもらったの！
食事《しょくじ》もおいしかったし、ベッドもふかふかだったわ。
アールさんっていい人《ひと》よね——。
……心配《しんぱい》してたんだぞ。
あれ？アールさんから連絡《れんらく》してくれるって話《はなし》だったんだけど……。
………。
連絡《れんらく》なんてしてくるわけねーよなー。
あたしから連絡《れんらく》すればよかったね、ゴメンね。
にこにこ
………
やれやれ……。

F10-3

——と いうわけで……、
エメラルドのレンズは無事《ぶじ》に取《と》りもどして、赤《あか》メガネこと後村《あとむら》も逮捕《たいほ》されたってわけだよ。
おっちゃんに招待状《しょうたいじょう》を出《だ》したのも、後村《あとむら》のしわざだったんだってさ。
ほー。
第一発見者《だいいちはっけんしゃ》が犯人《はんにん》だったというわけか……。
——で、
アール氏《し》はどうなったんじゃ？

F10-4

まあ、蘭《らん》にケガもなかったし、
取《と》り調《しら》べだけですんだみたいだよ。
でも、目暮警部《めぐれけいぶ》には、こっぴどくしぼられたらしいけどね。
そうかそうか。
それより困《こま》ってるのは、蘭《らん》だぜ……。
毎日《まいにち》まいにち、ドレス着《き》てはアクセサリー付《つ》けかえて、ファッションモデル気取《きど》りでさ……。
ははは。
F10-5
まあ何《なん》にせよ、これで一件落着《いっけんらくちゃく》じゃな。
よかったよかった。

バババン
コナンくん!!
なんだー、おまえら来《き》てたのかー。
「来《き》てたのか」じゃないですよ!
そーだぞ、ひどいぞコナン!
赤《あか》メガネの館《やかた》にひとりで行《い》くなんて!!
ずんずん
F10-6
あちゃ〜〜〜。
ぽりぽり
こりゃ一件落着《いっけんらくちゃく》とはいかないな……。

ぼくだちだって協力《きょうりょく》したんですよ。
そうだぞ。
暗号《あんごう》のことだって、真《ま》っ先《さき》に教《おし》えてくれるべきよ！
ひどーい、何《なに》も言《い》ってあげてなかったのねー。
………。
ブーブー
まいったな〜〜〜。
博士《はかせ》〜〜〜、助《たす》けてくれ〜〜〜。
おほん
よし。
ここできみらに、レンズに関《かん》する最終《さいしゅう》テストじゃ。
人間《にんげん》の一番《いちばん》身近《みぢか》にある、最《もっと》もすばらしいレンズとはなんだ？
これができたら、コナンよりもすごいぞ。

F10-7

ぼくたちをバカにしないでくださいよ！
ふふっ
レンズに関《かん》していろんな本《ほん》を読《よ》んで、勉強《べんきょう》したんだから。
うんうん
答《こた》えは――、
人間《にんげん》の目《め》!!
みごと正解《せいかい》じゃ!!
感心
やるなー、おまえら。

F10-8

人間《にんげん》の目《め》は、一番《いちばん》身近《みぢか》なレンズだ!!

人間《にんげん》の目《め》の仕組《しく》みは、「カメラに似《に》ている」とよくいわれている。カメラに例《たと》えると、レンズに当《あ》たる部分《ぶぶん》が「水晶体《すいしょうたい》」だ。そして、この水晶体《すいしょうたい》を通《とお》して目《め》に入《はい》ってきた映像《えいぞう》は、カメラの場合《ばあい》のフィルムに当《あ》たる「網膜《もうまく》」に映《うつ》し出《だ》され、視神経《ししんけい》を通《つう》じて、脳《のう》が映像《えいぞう》を意識《いしき》しているんだよ。

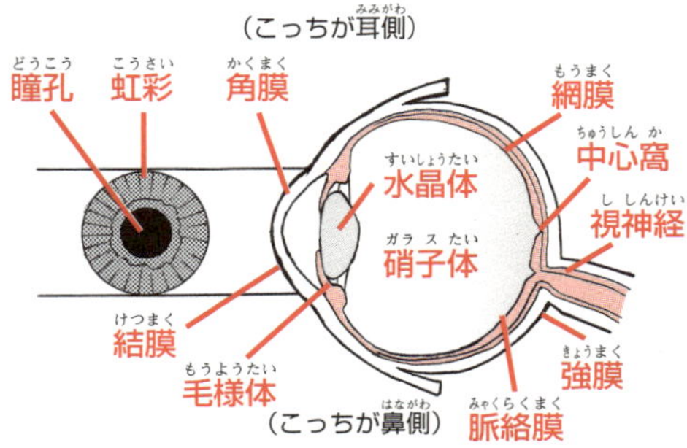
(こっちが耳側《みみがわ》)
瞳孔《どうこう》
虹彩《こうさい》
角膜《かくまく》
網膜《もうまく》
中心窩《ちゅうしんか》
水晶体《すいしょうたい》
視神経《ししんけい》
硝子体《ガラスたい》
結膜《けつまく》
強膜《きょうまく》
毛様体《もうようたい》
(こっちが鼻側《はながわ》)
脈絡膜《みゃくらくまく》

目《め》がカメラよりもすぐれている点《てん》は、水晶体《すいしょう》という一《ひと》つのレンズで、近《ちか》くから遠《とお》くまで、あらゆる距離《きょり》に応《おう》じて無意識《むいしき》のうちにピントを合《あ》わせられること。正常《せいじょう》な視力《しりょく》を持《も》った人《ひと》の目《め》は、子《こ》どもの場合《ばあい》で約《やく》10㎝から、おとなの場合《ばあい》は約《やく》25㎝から無限《むげん》の遠《とお》くまで、きちんとピントを合《あ》わせることができるといわれているよ。

このように、人間《にんげん》の目《め》は非常《ひじょう》にすぐれた水晶体《すいしょうたい》というレンズを持《も》っておるんじゃ。

それ知《し》ってます！
でも長《なが》い間《あいだ》、近《ちか》くを見《み》てるとピントを調節《ちょうせつ》する筋肉《きんにく》がつかれてしまうんですよね。

だから、ときどき遠《とお》くを見《み》ることが必要《ひつよう》なんだよな。

F10-9

アフリカの平原《へいげん》なんかに住《す》む狩人《かりゅうど》の人《ひと》たちは、遠《とお》くをよく見《み》てるからとても目《め》がいいんですってね。

それに人間《にんげん》や動物《どうぶつ》以外《いがい》に、昆虫《こんちゅう》の目《め》も小《ちい》さいレンズなんだぜ。
みんな……、思《おも》ったよりやるな。
うむ。
よし、これできみたちもレンズに関《かん》して免許皆伝《めんきょかいでん》じゃな!!
やったぁ〜〜〜!!
これでいいんじゃろ?新一《しんいち》……。
サンキュー、博士《はかせ》!
これでほんとに一件落着《いっけんらくちゃく》!!

F10-10

ウチの技術《ぎじゅつ》は世界一《せかいいち》！

東京都三鷹市《とうきょうとみたかし》にある「三鷹光器《みたかこうき》」という会社《かいしゃ》では、天体望遠鏡《てんたいぼうえんきょう》や脳神経外科手術《のうしんけいげかしゅじゅつ》用《よう》のけんび鏡《きょう》など、レンズを用《もち》いた精密機器《せいみつきき》を作《つく》っている。見《み》た目《め》は小《ちい》さな町工場《まちこうば》だけど、その技術《ぎじゅつ》は世界《せかい》のトップクラスと認《みと》められている、すごい会社《かいしゃ》なんだ。

←お話《はなし》をうかがった、三鷹光器会長《みたかこうきかいちょう》の中村義一《なかむらよしかず》さん。

私《わたし》たちの会社《かいしゃ》では、望《ぼう》遠鏡《えんきょう》を作《つく》って、天文《てんもん》台《だい》などに納《おさ》めています。そのおひろめの席《せき》で、私《わたし》はよくこんな話《はなし》をするんです。「この望遠鏡《ぼうえんきょう》で星《ほし》を見《み》るのもいいけれど、それだけではもったいない。望遠鏡《ぼうえんきょう》には、ぜひ分光器《ぶんこうき》をつけて下《くだ》さい」とね。分光器《ぶんこうき》を使《つか》うと、太陽《たいよう》や星《ほし》の光《ひかり》が、じつはさまざまな色《いろ》からできていることがわかります。そんなことをきっかけに、みなさんには「レンズ」、そして「光《ひかり》」への興味《きょうみ》を持《も》ってほしいんです。

では、「光《ひかり》」について勉強《べんきょう》をすると、どういうことができるのか？　例《たと》えば、赤《あか》いレーザー光線《こうせん》というのは熱《ねつ》を持《も》ちますから、小《ちい》さな物《もの》を加工《かこう》しようとすると、熱《ねつ》でとけてしまいます。それなら、青《あお》いレーザー光線《こうせん》を使《つか》えばいいじゃないか、という発想《はっそう》が出《で》てくるんです。

熱《ねつ》を持《も》たない青《あお》いレーザー光線《こうせん》なら、小《ちい》さな物《もの》が作《つく》れる。例《たと》えば、大豆《だいず》くらいの大《おお》きさの、小《ちい》さなブルドーザーを作《つく》ったらどうでしょう。そのブルドーザーを

↑東京都《とうきょうと》三鷹市《みたかし》にある三鷹光器《みたかこうき》。この小《ちい》さな工《こう》場《じょう》から、世界一《せかいいち》の技術《ぎじゅつ》をほこる発明品《はつめいひん》が生《う》み出《だ》されている。

→これがアメリカ・NASA《ナサ》のスペースシャトルに積《つ》みこまれた特《とく》しゅカメラだ！

口《くち》から飲《の》ませて、ガン細胞《さいぼう》だとか、体《からだ》の中《なか》の悪《わる》いところに注射《ちゅうしゃ》を打《う》って、病気《びょうき》を直《なお》してしまうとか……。

こんなふうに、発想《はっそう》に工夫《くふう》を加《くわ》えることで新《あたら》しい発明《はつめい》が生《う》まれるんです。

じつは、私《わたし》は小学校《しょうがっこう》しか出《で》ていません。それでも、アメリカのスペースシャトルに積《つ》む特《とく》しゅなカメラも作《つく》ったし、1ナノメートルという、とても細《こま》かい単位《たんい》を計《はか》ることができる三次元測定器《さんじげんそくていき》という機械《きかい》も作《つく》っています。

なぜ三鷹光器《みたかこうき》はすごい発《はっ》明《めい》ができるのか、とよく聞《き》かれますが、それは私《わたし》たちの会社《かいしゃ》が天文《てんもん》の知識《ちしき》をもとに、レンズと光《ひかり》を応用《おうよう》してきたからです。

例《たと》えば三鷹光器《みたかこうき》では、脳《のう》の手術《しゅじゅつ》をするための大《おお》きなけんび鏡《きょう》を作《つく》っています。手術《しゅじゅつ》をするお医者《いしゃ》さんは、とても軽《かる》いメスを使《つか》っているんですが、今《いま》までのけんび鏡《きょう》は重《おも》たかったから、メスを持《も》つ手《て》がふるえてしまう……。

ほら、重《おも》たい荷物《にもつ》を持《も》ち運《はこ》びして、すぐにえんぴつで字《じ》を書《か》こうとすると、手《て》がふるえちゃうでしょ。あれと同《おな》じですよ。

それなら、けんび鏡《きょう》を軽《かる》く動《うご》かせるようにしよう、と。天体望遠鏡《てんたいぼうえんきょう》って、あんなに大《おお》きくても、軽《かる》く動《うご》かせるようにできているんです。その望遠鏡《ぼうえんきょう》を逆《さか》さにすれば、けんび鏡《きょう》になるでしょう。だから私《わたし》たちは、軽《かる》く動《うご》かせるけんび鏡《きょう》を作《つく》ることができたんです。これも、天文《てんもん》の知識《ちしき》を生《い》かした発明《はつめい》ですね。

お金は猫にあげて下さい

↑江戸時代《えどじだい》の彫刻師《ちょうこくし》・左甚五郎《ひだりじんごろう》は、日光東照宮《にっこうとうしょうぐう》の「眠《ねむ》り猫《ねこ》」を彫《ほ》った人《ひと》として有名《ゆうめい》だ。この「猫《ねこ》の置物《おきもの》」のほかにも、「甚五郎《じんごろう》が彫《ほ》った竜《りゅう》の彫刻《ちょうこく》は、まるで生《い》きているみたいに動《うご》いた」などという伝説《でんせつ》も残《のこ》されているよ。

お話《はなし》してきたように、三《み》鷹光器《たかこうき》では、すべての製品《せいひん》にレンズを応用《おうよう》して、新《あたら》しい発明《はつめい》を生《う》み出《だ》しています。でも、新《あたら》しい物《もの》を作《つく》るには、勉強《べんきょう》した知識《ちしき》だけではいけません。物《もの》を作《つく》った経験《けいけん》や、工夫《くふう》する知恵《ちえ》が必要《ひつよう》なんです。

江戸時代《えどじだい》に、左甚五郎《ひだりじんごろう》という彫刻師《ちょうこくし》がいました。その甚五郎《じんごろう》がお金《かね》がなくて宿《やど》にとまることができず、困《こま》っていたところ、お団子屋《だんごや》か何《なに》かの親切《しんせつ》なおばあさんが甚五郎《じんごろう》をとめてくれたそうです。明《あ》くる朝《あさ》、甚五郎《じんごろう》はお礼《れい》にと、猫《ねこ》の置物《おきもの》を彫《ほ》った。この猫《ねこ》に工夫《くふう》がしてあったんです。

猫《ねこ》の置物《おきもの》は手《て》を差《さ》し出《だ》していて、その前《まえ》に「お金《かね》は猫《ねこ》にあげて下《くだ》さい」と書《か》いてある。お客《きゃく》さんが団子《だんご》の代金《だいきん》を手《て》に置《お》くと、重《おも》みで手《て》が下《さ》がって、下《した》の箱《はこ》にお金《かね》が入《はい》る、と。でも少《すく》なめに置《お》くと、お金《かね》が足《た》りないって手《て》を下《さ》げない。お金《かね》の重《おも》さが足《た》りないんですね。ところが逆《ぎゃく》に、余分《よぶん》にあげると、重《おも》みですぐ手《て》を下《さ》げてしまうんです（笑《わらい》）。

甚五郎《じんごろう》のように、みなさんも、この本《ほん》で紹介《しょうかい》されているレンズの実験《じっけん》をさらに工夫《くふう》してみて下《くだ》さい。そうすれば、新《あたら》しい発明《はつめい》をすることができるかもしれませんよ。

コナンに挑戦《ちょうせん》！

67ページの答《こた》え

虫《むし》メガネが1個《こ》のとき
虫《むし》メガネが3個《こ》のとき
虫《むし》メガネとライトスタンドの位置《いち》が近《ちか》づいた

同《おな》じ大《おお》きさの虫《むし》メガネを3個《こ》かさねたときの方《ほう》が、虫《むし》メガネが1個《こ》のときよりも、電球《でんきゅう》とレンズの距離《きょり》が近《ちか》い位置《いち》でフィラメントの像《ぞう》を作《つく》ることができる。凸《とつ》レンズをかさねることで、焦点距離《しょうてんきょり》を短《みじか》くできるからだ。

（焦点距離《しょうてんきょり》が近《ちか》いと、どんなことができる？）

太陽《たいよう》のように電球《でんきゅう》も光《ひかり》と熱《ねつ》を発《はっ》しているが、その量《りょう》はとても少《すく》ない。だが焦点距離《しょうてんきょり》を近《ちか》づけると、虫《むし》メガネに当《あ》たる光《ひかり》の量《りょう》が増《ふ》え、集《あつ》まる熱《ねつ》も増《ふ》えるんだ。3個《こ》の虫《むし》メガネで作《つく》ったフィラメント像《ぞう》のところに温度計《おんどけい》を置《お》くと、見《み》るみる温度《おんど》が上《あ》がっていくよ。虫《むし》メガネが1個《こ》のときと、比《くら》べてみよう。

学習《くしゅう》まんがシリーズ

大人気《だいにんき》発売中《はつばいちゅう》!

名探偵《めいたんてい》コナン 実験《じっけん》・観察《かんさつ》ファイル サイエンスコナン

元素《げんそ》の不思議《ふしぎ》

ISBN978-4-09-296634-5

防災《ぼうさい》の不思議《ふしぎ》

ISBN978-4-09-296635-2

科学《かがく》の不思議《ふしぎ》を、コナンと一緒《いっしょ》に徹底解明《てっていかいめい》しよう!

宇宙《うちゅう》と重力《じゅうりょく》の不思議《ふしぎ》

ISBN4-09-296105-7

名探偵《めいたんてい》の不思議《ふしぎ》

ISBN978-4-09-296114-2

解明《かいめい》! 身《み》のまわりの不思議《ふしぎ》

ISBN978-4-09-286166-1

忍者《にんじゃ》の不思議《ふしぎ》

ISBN4-09-296629-1

七変化《しちへんげ》する水《みず》の不思議《ふしぎ》

ISBN978-4-09-296111-1

食《た》べ物《もの》の不思議《ふしぎ》

ISBN4-09-296113-8

レンズの不思議《ふしぎ》

ISBN4-09-296104-9

磁石《じしゃく》の不思議《ふしぎ》

ISBN4-09-296103-0

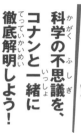